仿古建筑构造施工

李鹏飞 编著

江苏凤凰科学技术出版社 · 南京

图书在版编目（CIP）数据

仿古建筑构造施工 / 李鹏飞编著. -- 南京 : 江苏凤凰科学技术出版社, 2025. 6. -- ISBN 978-7-5713-5275-2

Ⅰ. TU29

中国国家版本馆CIP数据核字第202520AL69号

仿古建筑构造施工

编　　著	李鹏飞
项目策划	段建姣
责任编辑	赵　研
责任设计编辑	蒋佳佳
特约编辑	段建姣　朱雨琪
出版发行	江苏凤凰科学技术出版社
出版社地址	南京市湖南路1号A楼，邮编：210009
出版社网址	http：//www.pspress.cn
总　经　销	天津凤凰空间文化传媒有限公司
总经销网址	http：//www.ifengspace.cn
印　　刷	雅迪云印（天津）科技有限公司
开　　本	787 mm×1 092 mm　1 / 16
印　　张	9.5
字　　数	100 000
版　　次	2025年6月第1版
印　　次	2025年6月第1次印刷
标准书号	ISBN 978-7-5713-5275-2
定　　价	98.00元

目录

第一章

地基、基础、台基与地面

第一节 地基与基础

一、地基

位于建筑物基础以下，用来承受全部建筑物重量的土层或岩石，统称地基（图 1-1）。

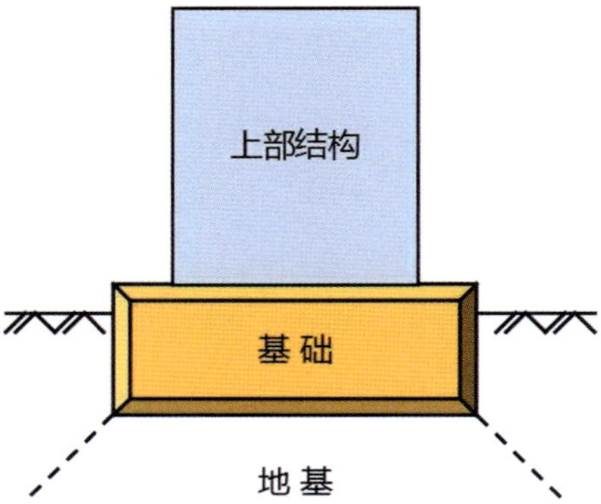

图 1-1 地基示意

1. 地基的分类

地基分为天然地基和人工地基。

（1）天然地基

凡是具有足够承载力和稳定性，不需经过人工加固，且可直接在其上建造房屋的土层称为天然地基。岩石、碎石土、砂土、黏性土等均可作为天然地基（图 1-2）。

岩石地基

碎石土地基

砂土地基

黏性土地基

图 1-2 天然地基

（2）人工地基

当土层的承载能力较低，或土层虽好，但上部荷载较大时，必须对土层进行人工加固，以提高其承载能力。这种经过人工处理的土层，称为人工地基。

2. 地基的处理方法

（1）原土夯实

反复多次用重锤夯击地面，对地基进行强力夯实。强大的夯击力在地基中产生动应力和振动，向地基纵深方向传播，起到加固地基的作用（图1-3）。

图 1-3　原土夯实

（2）换土法

换土法是将基础底面下一定深度范围的杂土挖除，用较好的材料重新夯实回填（图 1-4）。

素土换填地基

灰土换填地基

砂石换填地基

图 1-4　换土法

（3）密实加固法

密实加固法主要是指打桩，用桩来加固土层（图 1-5）。

图 1-5　密实加固法

二、基础

1. 基础的构造

基础是指建筑物的地下结构部分，其承受并传递上部建筑物的荷载。

砌筑基础一般由砖、石材砌筑，构造主要由磉墩和拦土组成（图 1-6）。磉墩是柱下的独立基础砌体，现代做法多为混凝土独立基础；拦土是磉墩之间的基础墙砌体。

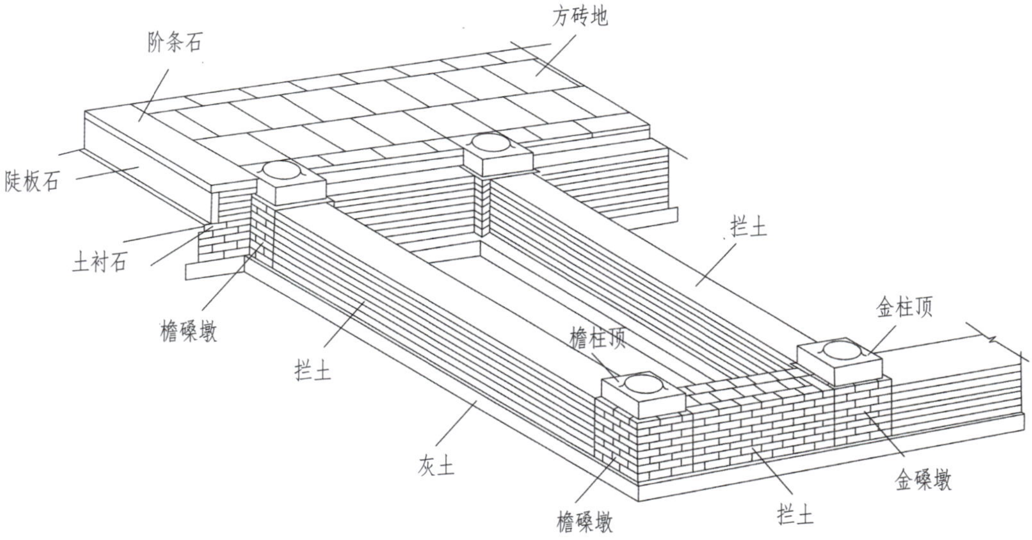

图 1-6　传统磉墩与拦土构造

2. 基础施工流程

基础的施工顺序一般为：土方开挖→地基处理（一般多为灰土换填）→磉墩及拦土的砌筑→回填土。

基础施工

❶土方开挖——合理选择开挖方式和施工方法，做好施工总平面布置

❷地基处理（灰土换填）——铺设灰土前应验槽，按先深后浅顺序施工

❸磉墩浇筑——分段、分层连续浇筑，用插入式振捣器振捣均匀

❹拦土砌筑——在砌筑前浇水湿润黏土砖，砂浆随拌随用，按要求立好皮数杆

❺回填土——先将基底表面杂物清理干净，检查填料含水率，填土应分层摊铺

❻回填土压实——回填土应分层压实，满足压实系数要求，应填一层检查一层

第二节 台基

一、台基类型

台基按形式分类，主要分为普通台基和须弥座台基。普通台基多为素方形，须弥座台基侧面呈凹凸状（图 1-7）。

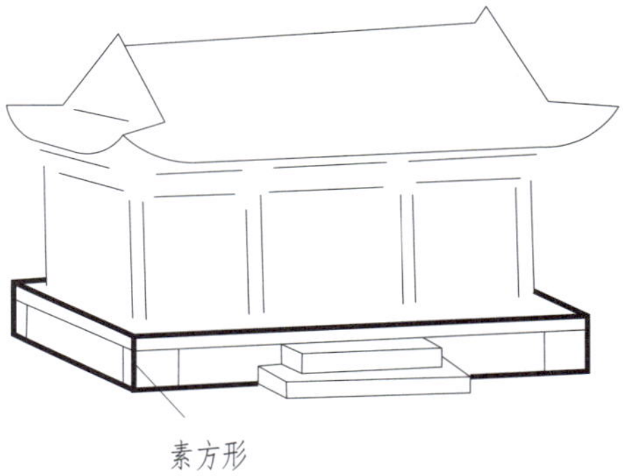

普通台基

须弥座台基

图 1-7　台基的形式

台基按砌筑方式分类，分为砖砌台基、石砌台基和混合砌筑台基（图 1-8）。砖砌台基砖料选用城砖或条砖，砌筑类型有干摆或丝缝砌筑，多用于民居。石砌台基由阶条石、陡板石、角柱石、土衬石组成，多用于官式建筑。混合砌筑台基主要为砖石混合，阶条石、角柱石、土衬石用石料，其余用砖砌筑。

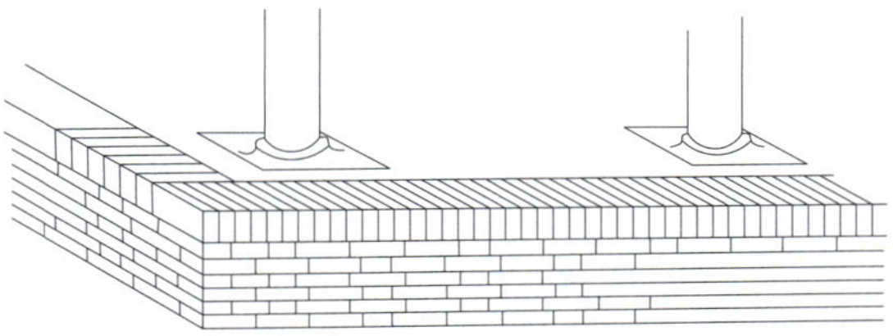

砖砌台基

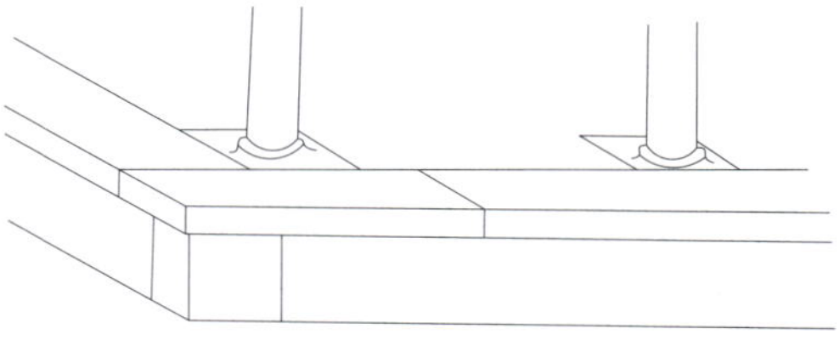

石砌台基

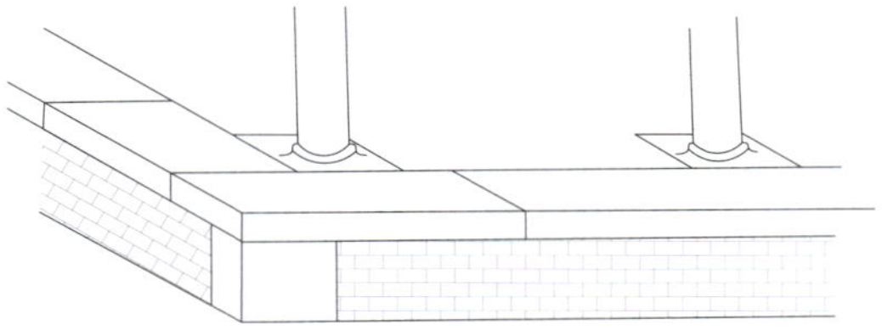

混合砌筑台基

图 1-8　台基的砌筑方式

二、台基构造

1. 普通台基构造

普通台基陡板石台明的构造，自下而上，一般由土衬石、角柱石、陡板石、阶条石、柱础石等组成（图 1-9）。

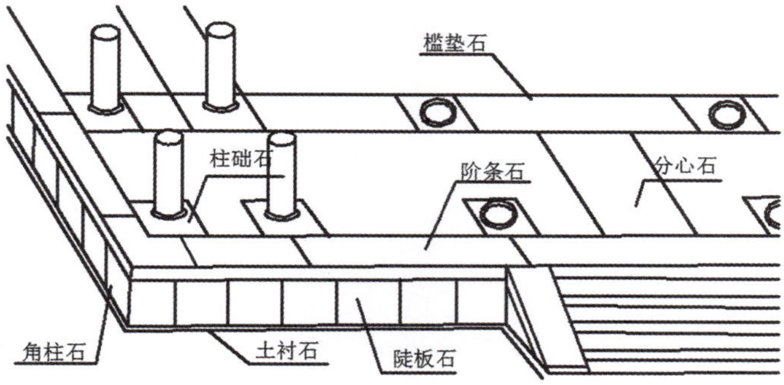

图 1-9　普通台基构造

2. 须弥座台基构造

须弥座是一种上下凸出、中间凹陷的台基基座，自下而上，一般分为土衬、圭角、下枋、下枭、束腰、上枭、上枋等（图 1-10、图 1-11）。

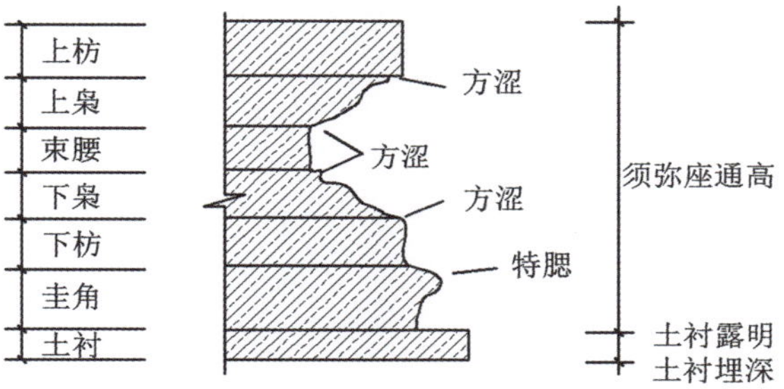

图 1-10　须弥座台基构造

图 1-11　须弥座雕刻图案

3. 台基施工流程

台基的施工顺序一般为：测量放线→试排撂底→石材铺装（土衬石→角柱石、陡板石→阶条石）→勾缝。

台基施工

❶**测量放线**——在垫层上用墨线弹出台基最下层砖石构件边线与控制线

❷**试排撂底**——石材铺装前，需根据石料的规格、颜色进行现场试排

❸**土衬石铺装**——从基准点引出水平点，设置皮数杆，拉线控制标高

❹**陡板石铺装**——与土衬落槽连接，在土衬槽内刷灰浆后将陡板石下槽，相邻陡板石之间采用榫窝连接

❺**阶条石铺装**——在陡板石与背里间进行灌浆后安装，与陡板石之间采用榫窝连接

❻**勾缝**——铺装完成后，将石缝用灰浆勾严。灰缝与石材齐平，不得勾凹缝，且应直顺、严实、光洁

三、台阶（踏跺）与坡道

1. 台阶（踏跺）

台阶按形式分类，可分为御路踏跺、垂带踏跺和如意踏跺（图 1-12）。台阶中间设有御路石的踏跺称为御路踏跺，两侧设有由台明顶面至地面斜置的条石（垂带石）踏跺称为垂带踏跺，三面都可以上人的踏跺则为如意踏跺。

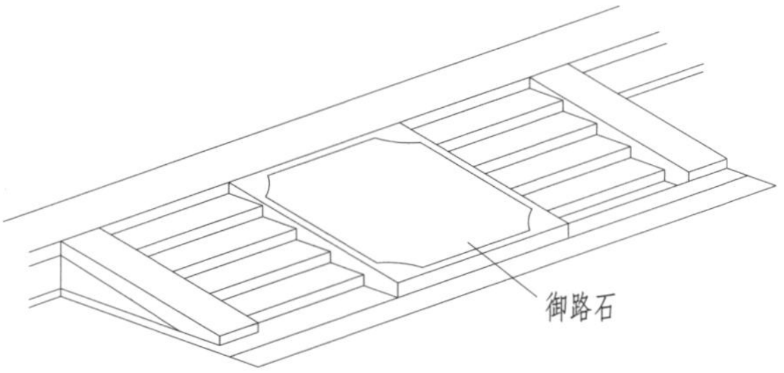

御路踏跺

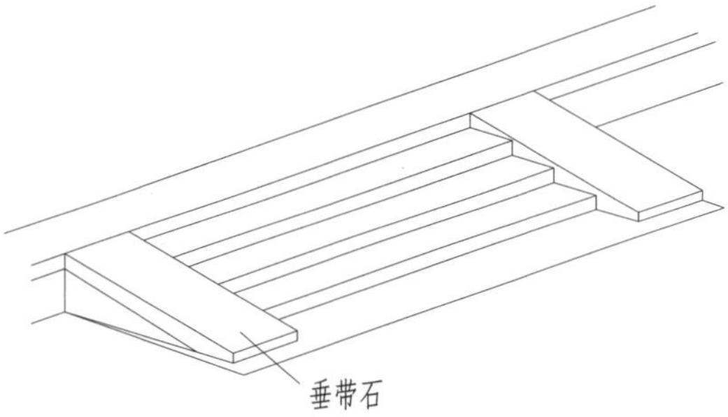

垂带踏跺

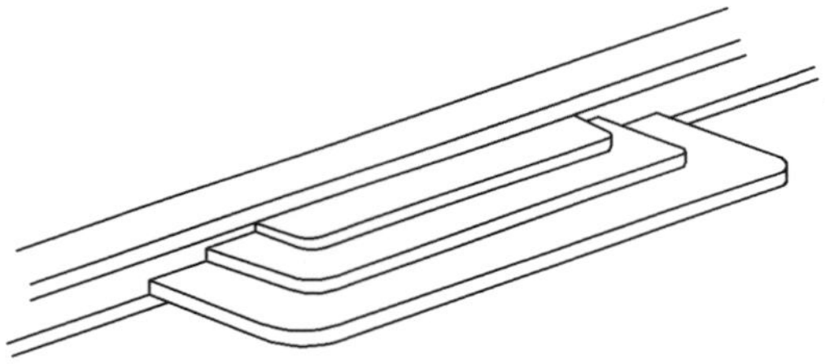

如意踏跺

图 1-12　台阶的形式

根据台阶的位置分类，分为正阶踏跺、垂手踏跺和抄手踏跺（图 1-13）。正阶踏跺是指台明前后檐正中的踏跺，垂手踏跺是指正阶踏跺两旁的踏跺，抄手踏跺则指台明两个侧面的踏跺。

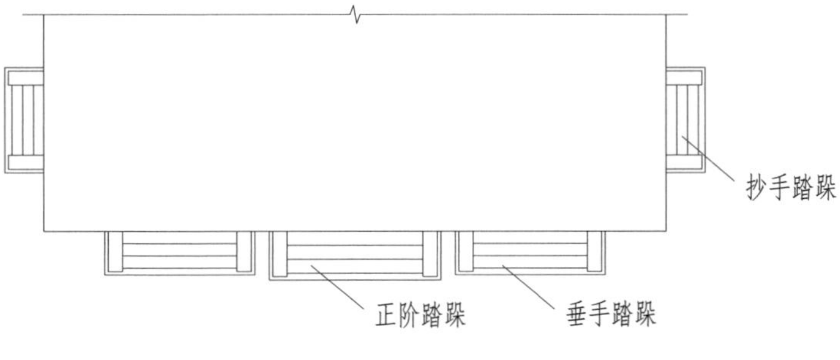

图 1-13　台阶的位置

台阶主要由平头土衬、如意石、砚窝石、垂带石、象眼石、御路石、阶条石等组成（图 1-14）。

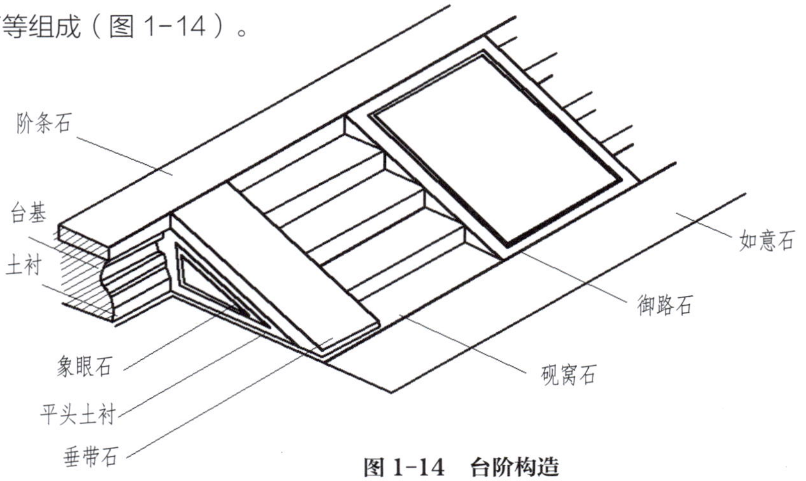

图 1-14　台阶构造

2. 坡道

坡道古称“礓（jiāng）礤（cā）”，礓礤一般不用御路石，但必须用垂带石，具体构造见图 1-15。

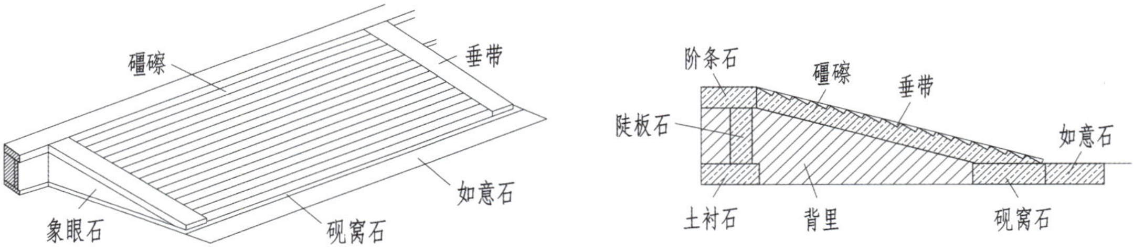

图 1-15　坡道构造

3. 台阶施工流程

台阶的施工顺序一般为：测量放线→试排撂底→石材铺装（平头土衬石→砚窝石→台阶石→象眼石→垂带石）→勾缝。

台阶施工

❶**测量放线**——以门口中心线作为放线基准，上平按室内地坪，下平按室外地坪

❷**试排撂底**——石材安装前，需根据石料的规格、位置进行现场试排

❸平头土衬石铺装——平头土衬的标高应与台基土衬相一致，并做出“金边”

❹砚窝石铺装——根据上、下平之间的垂直高度，分出各层台阶的高度，确定砚窝石的标高和位置

❺台阶石铺装——铺设每一步台阶时，要轻抬稳放，不要震动下层已安好的台阶石

❻象眼石铺装——与平头土衬落槽连接，在土衬槽内刷灰浆后将象眼石下槽，采用榫窝连接

❼垂带石铺装——象眼石安装完后进行灌浆，使灰浆充满空隙，待其凝固，最后再铺垂带石

❽勾缝——待全部石材铺装完成，将石缝用灰勾严。灰缝与石材齐平，不得勾凹缝，且应直顺、严实、光洁

第三节 地面

一、地面用砖

现行古建地面用砖、传统灰浆配比及制作要点见表 1-1、表 1-2。

表 1-1 现行古建地面用砖

名称		规格 / mm（清营造尺）	用途
方砖	尺二方砖	384×384×57.6（1.2×1.2×0.18）	小式墁地
	尺四方砖	448×448×64（1.4×1.4×0.2）	大式、小式墁地
	尺七方砖	544×544×80（1.7×1.7×0.25）	大式墁地
	二尺方砖	640×640×96（2.0×2.0×0.3）	
	二尺二方砖	704×704×128（2.2×2.2×0.4）	
	二尺四方砖	768×768×144（2.4×2.4×0.45）	
地趴砖		420×210×85（1.31×0.665×0.265）	室外地面
大条砖	停泥城砖	480×240×128（1.5×0.75×0.4）	大式地面
	大城砖	480×240×112（1.5×0.75×0.35）	
	二城砖	416×208×86.4（1.3×0.65×0.27）	
小条砖	小停泥	288×144×64（0.9×0.45×0.2）	小式地面
	斧刃砖	240×120×41.6（0.75×0.375×0.13）	
	四丁砖	240×115×53（0.75×0.36×0.165）	

表 1-2　传统灰浆配比及制作要点

名 称	配合比及制作要点	主要用途	说明
泼灰	生石灰用水反复、均匀地泼洒成为粉状后过筛。现常用袋装灰粉	制作各种灰浆的原材料	
青浆	青灰加水搅成浆状后过细筛，筛眼宽不超 0.2cm	制作各种灰浆的原材料	
泼浆灰	泼灰过细筛后分层用青浆泼洒，闷 15d 后即可使用。白灰：青灰 =100 ：13	制作各种灰浆的原材料	
煮浆灰	生石灰加水搅成浆状，过细筛后发胀而成	制作各种灰浆的原材料	又名灰膏
纯白灰	泼灰加水搅匀，或用灰膏（若需要，可掺麻刀）	金砖墁地	
小麻刀灰	泼浆灰加水或青浆调匀后掺麻刀搅匀。泼浆灰：麻刀 =100 ：3，麻刀长度不超过 1.5cm	修补打点	
爆炒灰	泼灰过筛（筛眼宽度在 0.5cm 以上），使用前一天调制。泼灰较硬，内不掺麻刀	宫殿墁地	又名熬炒灰
油灰	细白灰粉（过箩）、面粉、烟子（用胶水搅成膏状）加桐油搅匀。白灰：面粉：烟子：桐油 =1 ：2 ：0.5 ～ 1 ：2 ～ 3。灰内可兑入少量白矾水	细墁地面砖棱挂灰	可用青灰面代替烟子，用量根据颜色来定
砖面灰	砖面经研磨后加灰膏。砖面：灰膏 =3 ：7 或 7 ：3（根据砖色定）	细墁地面打点	又名砖药，可酌掺胶粘剂
掺灰泥	泼灰与黄土拌匀后加水，或生石灰加水，取浆与黄土拌合，闷 8 h 后即可使用。泼灰：黄土 =3 ：7、4 ：6 或 5 ：5	墁地	又名插灰泥，土质以粉质黏土较好
生桐油		钻生	
黑矾水	黑烟子用酒或胶水化开后与黑矾混合（黑烟子：黑矾 =10 ：1）。红木刨花与水一起煮，待水变色后除净刨花，再把黑烟子和黑矾混合液倒入熬煮至深黑色，趁热使用。亦可用染料代替	金砖墁地钻生泼墨	用于地面工程

二、室内地面

1. 砖墁地面排砖方式

砖墁地面包括条砖和方砖两类，条砖包括大面朝上的陡板地和小面朝上的柳叶地；方砖包括尺二方砖地面、尺四方砖地面、尺七方砖地面和金砖地面等。常见地面砖的排砖方式见图 1-16。

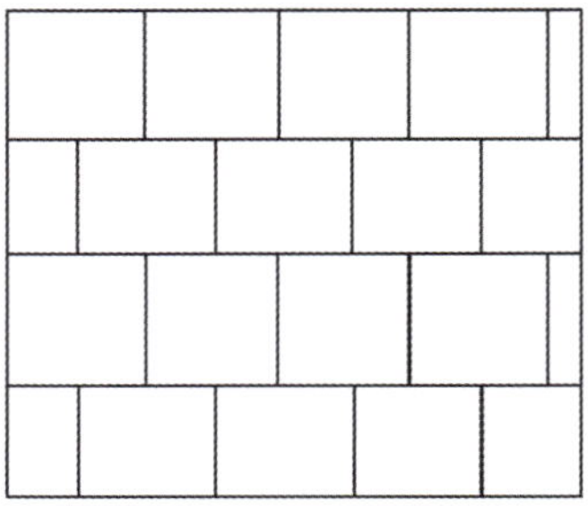

方砖十字缝
（常见形式）

条砖十字缝
（多用于小式建筑室内外）

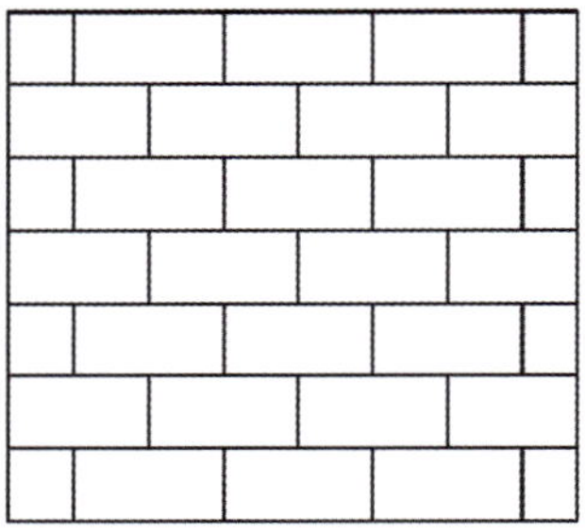

城砖陡板十字缝
（多用于宫殿建筑）

城砖直柳叶
（多用于宫殿室外）

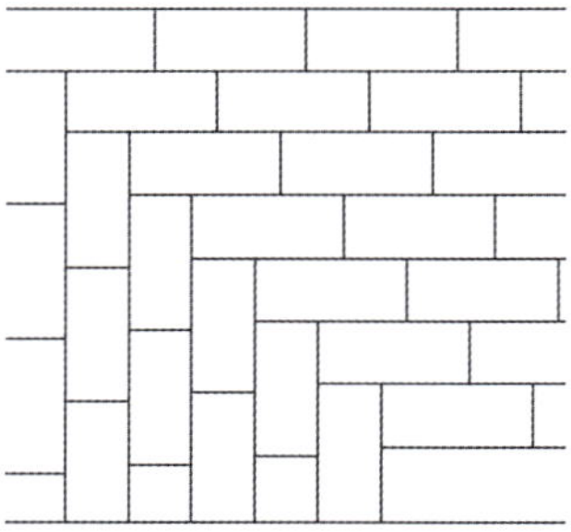

席纹
（多用于民居或园林）

柳叶人字纹
（多用于民居或园林）

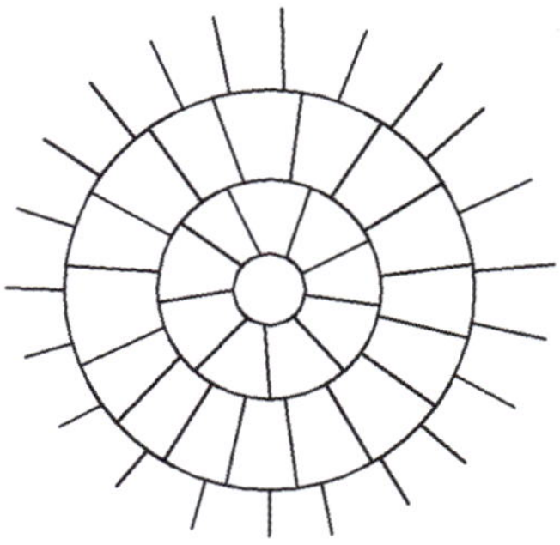

车辋地
（用于圆亭地面）

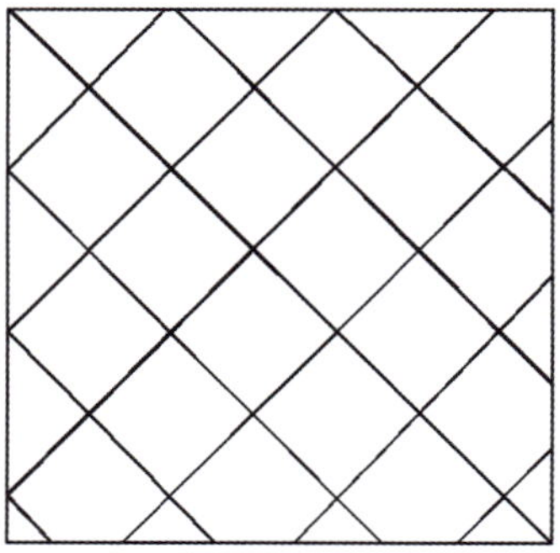

方砖斜墁
（多用于较讲究的建筑）

图 1-16　砖墁地面排砖方式

2. 砖墁地面构造做法

砖墁地面构造见图 1-17。

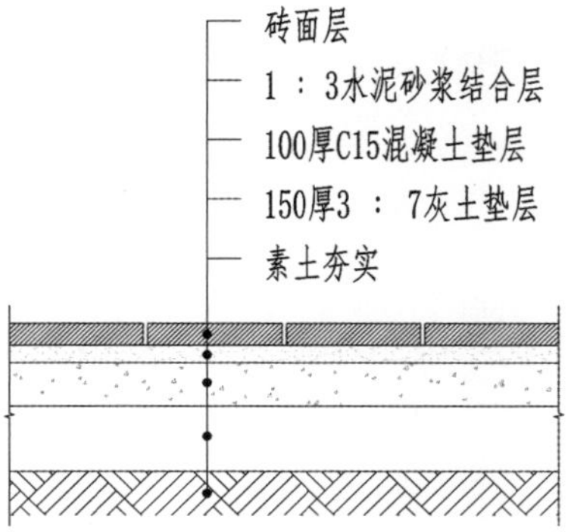

图 1-17　砖墁地面构造

3. 砖墁地面施工流程

（1）施工准备

采用切砖机、砂轮机对砖料进行砍磨加工，施工前对砖料进行逐块检查（图 1-18、图 1-19）。

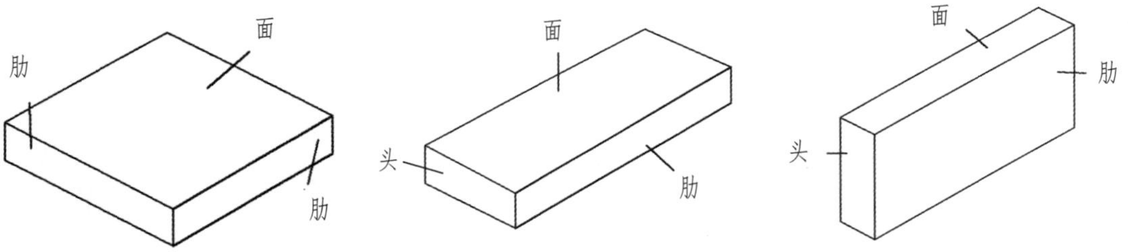

用于方砖地面　　用于陡板地面　　用于柳叶地面

图 1-18　砖各面在加工中的名称

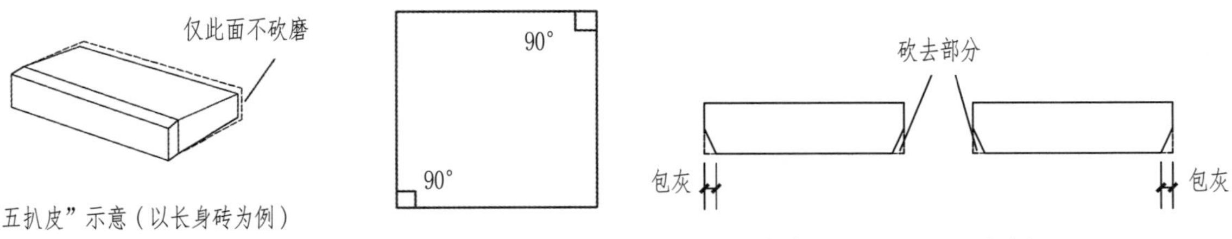

“五扒皮”示意（以长身砖为例）　　方砖正面　　方砖立面　　方砖侧面

图 1-19　砖肋加工示意

（2）基层处理

混凝土垫层平整度、坡度、标高等应符合设计要求。

（3）抄平

仿古建筑地面标高按照室内、外廊、散水、甬路、海墁分别控制。

（4）规矩、分位

门口第一块地砖居中，以砖宽尺寸分路数，以砖长尺寸分个数，“破活”应安排到里面和两端（图 1-20）。

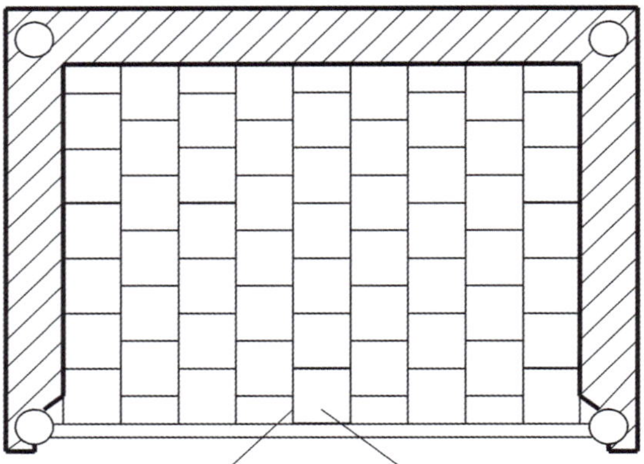

图 1-20　室内方砖十字缝分位示意

（5）冲趟

冲趟是在大面积墁地开始前先墁好几趟砖，作为后续墁地的标准和依据。室内地面以明间中线为中冲趟，从前檐墁起向后檐赶排，室内两端也应各铺一趟砖，见图 1-21。

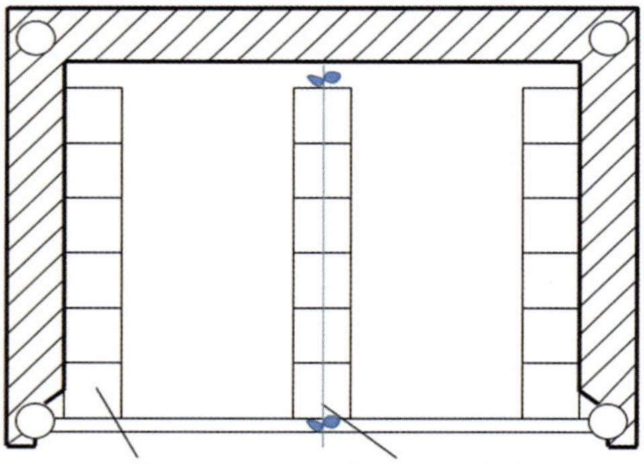

图 1-21　冲趟示意

（6）墁地

墁地的施工顺序一般为：样趟→揭趟浇浆→上缝→铲齿缝→刹趟→打点→墁水活→桐油钻生（钻生泼墨）。

墁地施工

❶**样趟**——从已冲趟好的砖处开始，其操作步骤同冲趟时的操作步骤，从前檐墁起向后檐赶排

❷**揭趟浇浆**——将墁好的砖从第一块砖揭起，在砖底通刮一道素水泥浆，淌白地面墁地可不揭

❸**上缝**——在砖的里口砖棱处抹油灰，用橡皮锤敲击砖面，把砖按原位重新墁好

❹**铲齿缝**——又称“墁干活”，将砖表面多余的油灰铲掉

❺**刹趟**——砖棱若有多出，用磨头磨平；每行都按样趟、揭趟浇浆、上缝、铲齿缝、刹趟的程序操作

❻**打点**——砖面上若有残缺或砂眼，用砖灰或青灰加适量胶料用水调匀修补，打点整齐

❼**墁水活**——砖面不平，用磨头沾水磨平，之后将地面全部揉磨一遍，最后擦拭干净露出砖缝

❽**桐油钻生**——地面完全干透后倒上桐油，钻生时用灰耙来回推接，以“喝不进去”的程度为止

钻生泼墨——金砖墁地此步骤称为“钻生泼墨”，即在钻生前增加黑矾水涂抹地面

三、散水

1. 散水的位置

古建筑房屋周围散水的位置处于硬山顶、悬山顶建筑前后，或处于庑殿顶、歇山顶建筑四面，详见图 1-22。

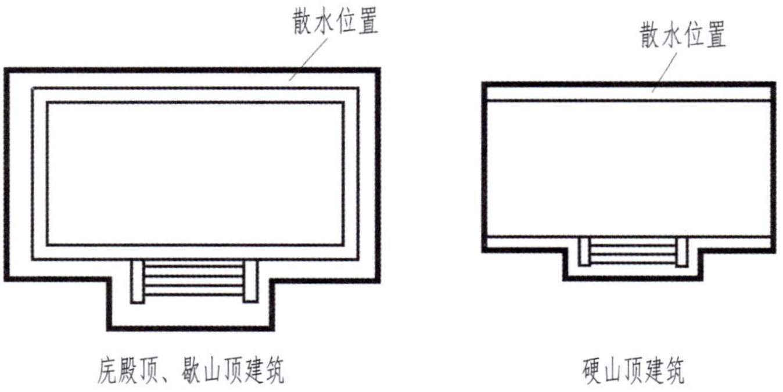

图 1-22　散水的位置

2. 散水的构造

古建筑房屋周围的散水，其宽度应根据出檐的远近或建筑的体量决定，散水地面的宽度应以屋檐流下的水落在散水上为准（图 1-23）。

散水里口应与台明的土衬石找平，外口应按室外地面找平。

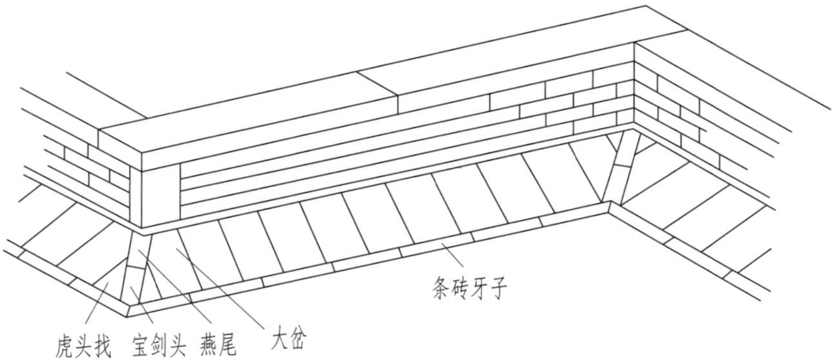

图 1-23　散水的构造

3. 散水的排砖形式

散水的排砖形式一般有四种，详见图 1-24。

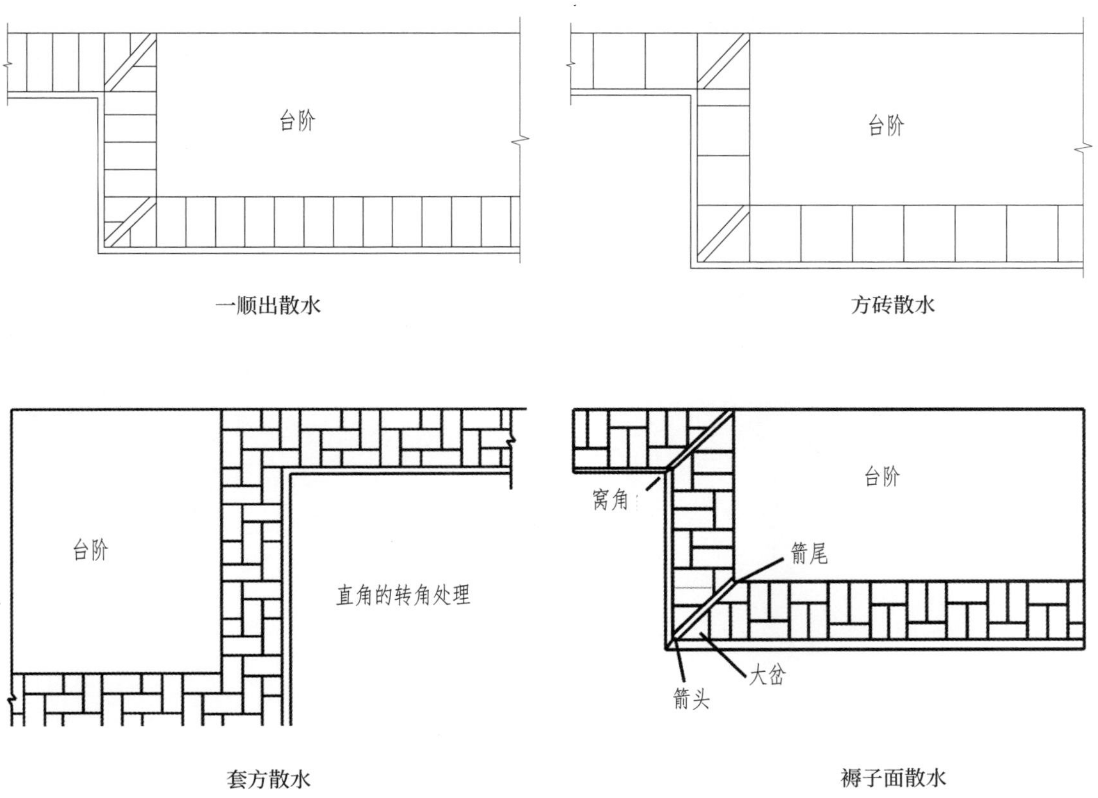

图 1-24　散水的排砖形式

4. 散水施工流程

散水的施工顺序一般为：测量放线→栽牙子→墁地（样趟→揭趟浇浆→上缝→铲齿缝→刹趟打点）。

❶**测量放线**——散水宽度以能使檐口落水在散水上为准，散水里口与台明土衬石找平，外口按室外地坪找平

❷**栽牙子**——即最外侧一排立砌的条砖，称为牙子

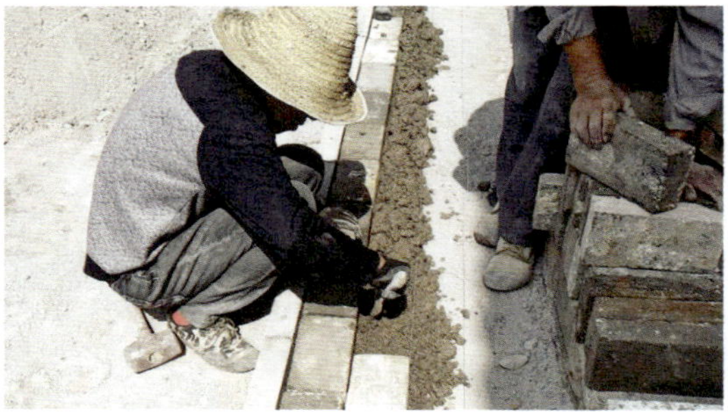

❸**样趟**——在两道拽线间栓一道卧线，以卧线为准墁砖，砖应平顺，砖缝应严密

❹**揭趟浇浆**——将墁好的砖从第一块砖揭起，在砖底通刮一道素水泥浆

❺**上缝**——在砖的里口砖棱处抹油灰，用橡皮锤敲击砖面，把砖按原位重新墁好

❻**铲齿缝**——又称“墁干活”，将砖表面多余的油灰铲掉

❼**刹趟打点**—— 以卧线为标准检查砖棱，若有多出，用磨头磨平。砖面上若有残缺或砂眼，用砖药打点齐整

第二章

墙体构造与施工

第一节 墙体概述

一、墙体类型

按照墙体在建筑中的位置分类，有山墙、檐墙、槛墙、隔断墙等类型（图 2-1）。山墙是位于建筑物两端位置的围护墙。檐墙位于檐檩之下，是柱与柱之间的围护墙。槛墙是位于建筑前檐或后檐槛窗踏板之下的墙体。隔断墙是位于室内分割空间的墙体。

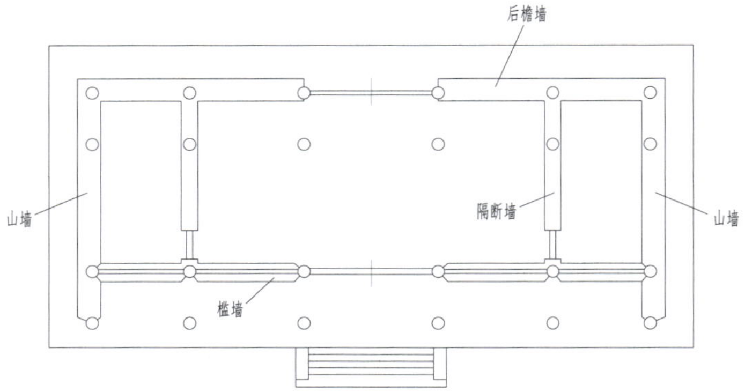

图 2-1　各种墙体位置示意

根据墙体立面形式分类，有云墙、花墙、迭落墙、爬山墙等类型（图 2-2）。云墙常用于园林建筑之中，墙体顶部呈波浪形起伏变化。花墙是用砖或瓦摆砌成透空图案的墙体。迭落墙与爬山墙常用于地形有起伏变化的山地建筑群中，墙顶部断开为迭落墙；若墙顶不断开，随地势上升，则称为爬山墙。

云墙

花墙

迭落墙

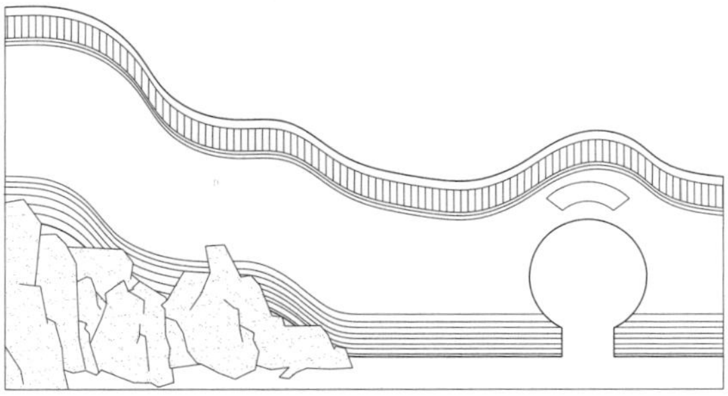

爬山墙

图 2-2　仿古建筑墙体立面形式

二、砖墙砌筑类型

砖墙的砌筑类型主要有干摆墙、丝缝墙、淌白墙和糙砖墙（表 2-1）。

表 2-1　砖墙的砌筑类型

砌筑类型	用砖特征	工艺做法	用途
干摆墙	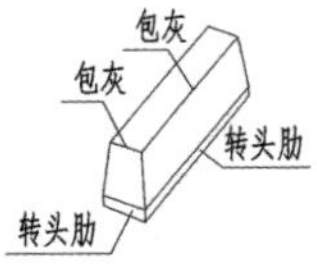 五扒皮砖	也称“磨砖对缝”砌法，摆砌时不用灰浆，一层一层干摆砌筑而成	常用于墙体下碱及其他较重要部位（墀头、梢子、砖檐、影壁心、廊心等）
丝缝墙	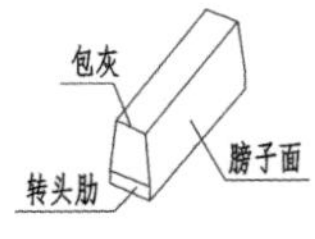 膀子面	也称“细缝墙”，灰缝厚度控制在 2 ～ 3mm	常用于墙体上身与干摆下碱相结合，也常用于梢子、砖檐、影壁心、廊心等部位
淌白墙	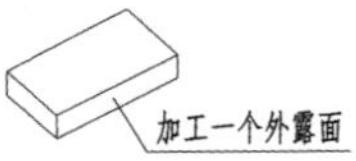 淌白砖	灰缝比丝缝墙稍大，一般控制在 4 ～ 6mm	常用于墙体上身
糙砖墙	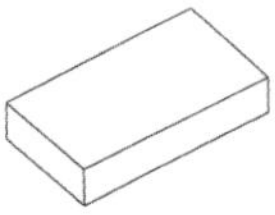 糙砖	砖未经加工砌筑的墙体属于糙砖墙，灰缝一般为 5 ～ 8mm	用于普通砌筑

三、砖墙组砌形式

1. 砖的摆放方式

砖的摆放方式有卧砖、陡板砖、甃（zhòu）砖、线道砖、叠涩等（图 2-3）。

（1）卧砖

砖大面朝上平放，长身面露明，是古建筑墙体砌筑中最常见的摆放方式。

（2）陡板砖

砖立放，陡板面露明，多见于南方建筑与民居中。

（3）甃砖

砖立放，丁头面露明，多见于台阶、台明、窗台等部位。

（4）线道砖

砖摆放时从外皮向内层层收进，多见于城墙。

（5）叠涩

砖摆放时从里皮向外层层挑出，见于无量殿。

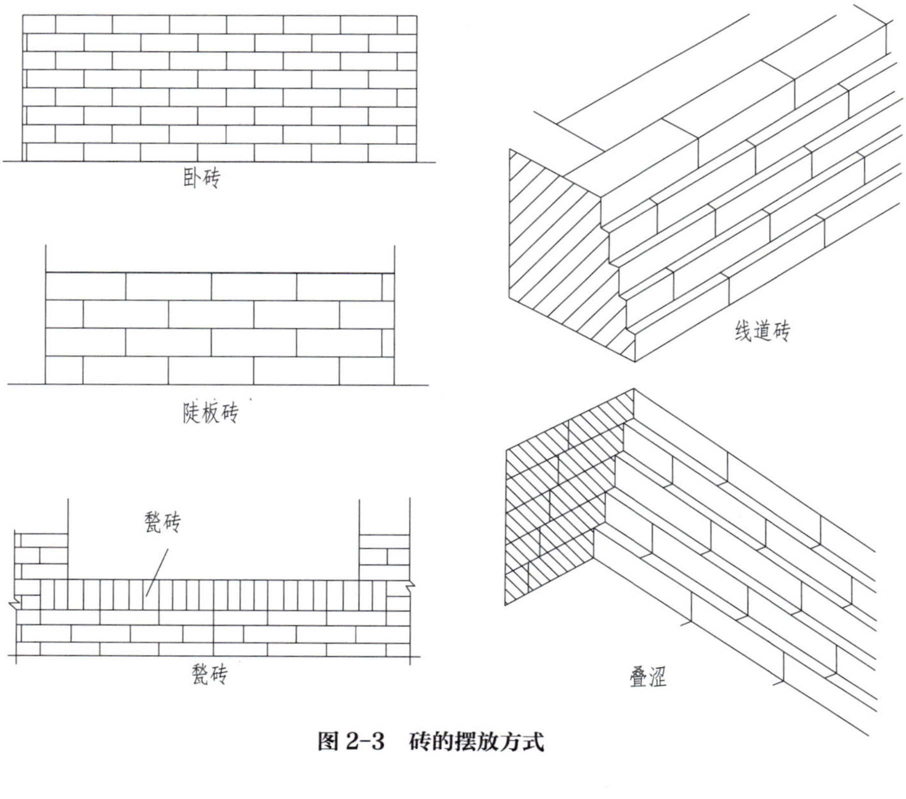

图 2-3　砖的摆放方式

4. 砖墙的组砌方式

在砖墙的砌筑中，把砖的长身方向垂直于墙面砌筑的砖叫丁砖，把砖的长身方向平行于墙面砌筑的砖叫顺砖，上下皮之间的水平灰缝称为横缝，左右两块砖之间的垂直缝称为竖缝。古建筑墙面常用的组砌方式有十字缝、一顺一丁、三顺一丁、五顺一丁、落落丁（全丁式）、多层一丁（多层顺砖，一层丁砖）（图 2-4）。

（1）十字缝

十字缝又称“全顺式”，同皮砖全部采用顺砖砌筑，上下层要错缝搭接，所得砖缝呈十字形。

（2）一顺一丁

一顺一丁又称“梅花丁”，同皮砖顺砖和丁砖交替出现，这种做法的墙体拉结性较好，但是比较费砖。

（3）三顺一丁

三顺一丁又称“三七缝”，同皮三块顺砖与一块丁砖相间排列，这种做法的墙面效果比较完整，墙体的拉结性也较好。

（4）五顺一丁

五顺一丁是指五块顺砖与一块丁砖相间排列，墙面效果比较完整，但墙体拉结性能低于三顺一丁，一般较少使用。

（5）落落丁

落落丁又称“全丁式”，一般用于糙砖墙院墙中。

（6）多层一丁

多层一丁是指先砌几层顺砖，再砌一层丁砖的砖墙做法。

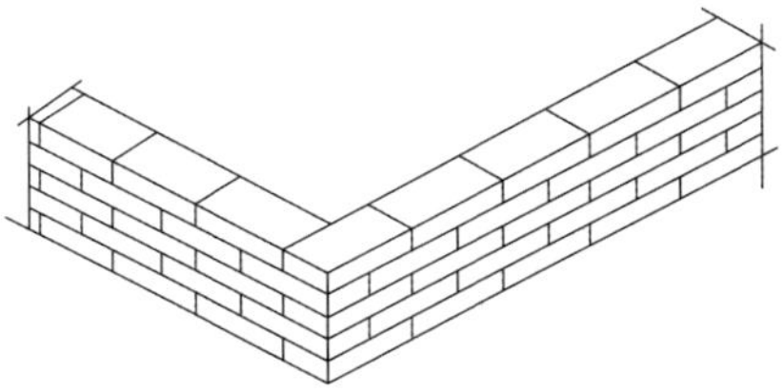

十字缝（全顺式）

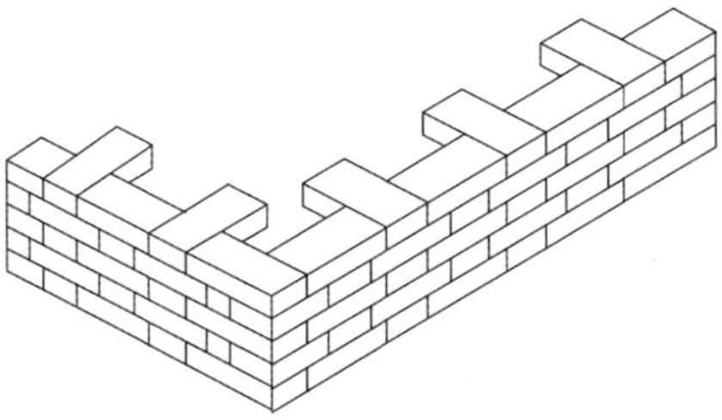

一顺一丁式（梅花丁）

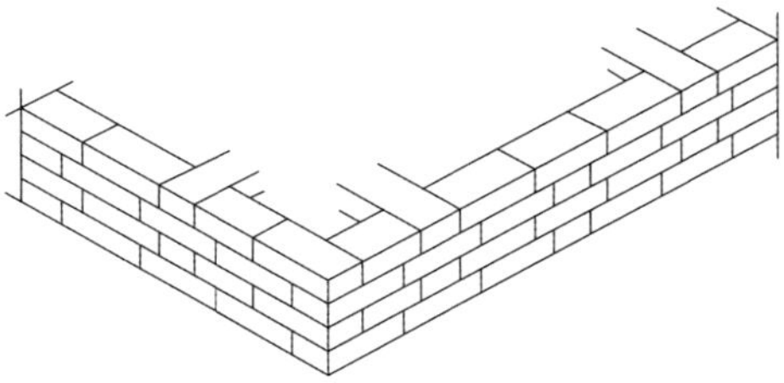

三顺一丁式（三七缝）

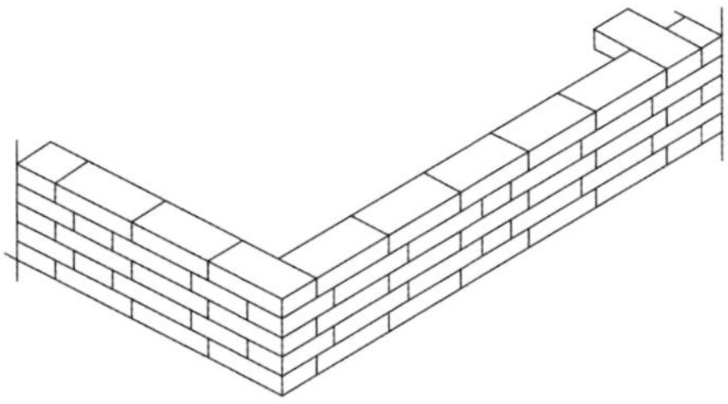

五顺一丁式

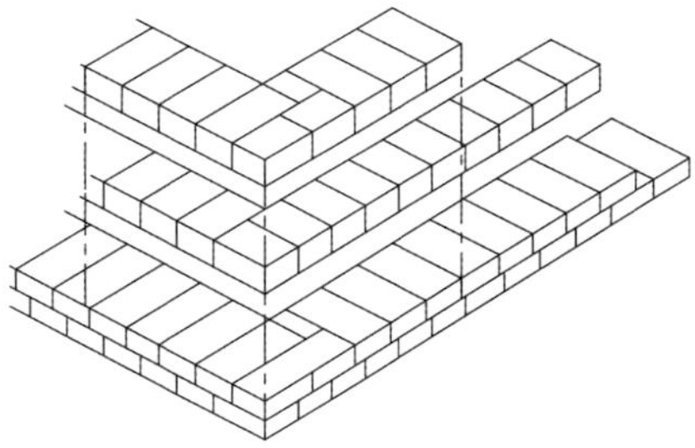

落落丁（全丁式）

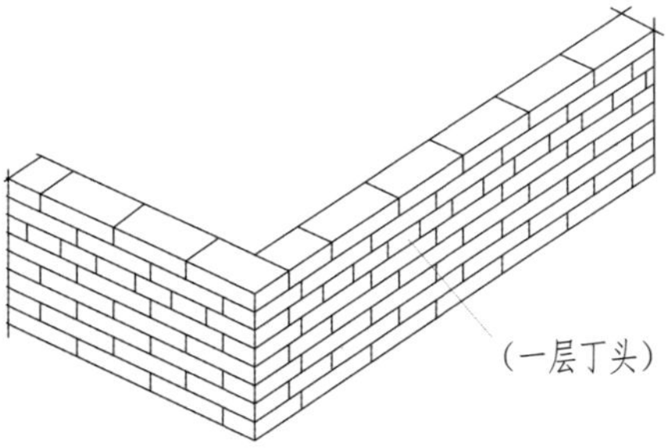

多层一丁式（多层顺砖，一层丁砖）

图 2-4　砖墙的组砌方式

四、砖墙勾缝

1. 墙面灰缝形式

仿古建筑墙面灰缝有平缝、凸缝、凹缝三种。凸缝又称鼓缝，砖墙凸缝常做成圆线。凹缝也称洼缝，又分为平直、内凹和八字缝（图 2-5）。

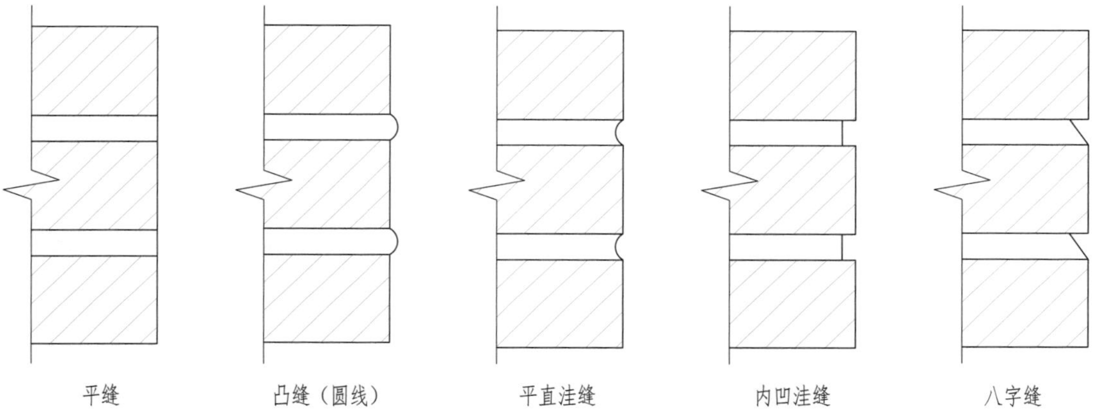

图 2-5　墙面灰缝形式

2. 灰缝色调

灰缝的色调一般采用相近处理和对比处理两种方式。普通墙面灰缝色调多与砖墙一致。琉璃砌筑的灰缝根据琉璃的颜色而定，黄琉璃应使用红灰，绿色和其他琉璃墙体使用深月白灰或老浆灰。对比处理的方式一般有青砖黑缝、青砖白缝等。详见图 2-6。

黄琉璃用红灰

绿琉璃用深月白灰

青砖白缝

青砖黑缝

图 2-6　墙面灰缝色调

第二节 山墙、槛墙、檐墙

一、山墙构造

1. 庑殿顶、歇山顶建筑山墙构造

庑殿顶与歇山顶建筑山墙的砌筑范围从台明上皮至山面檐柱额枋下皮。

（1）立面组成

庑殿顶与歇山顶建筑的墙体分为三段，分别为下碱、上身、签尖。

（2）构造做法

构造做法方面，可以选择干摆到顶、“干摆—丝缝”组合、“丝缝—淌白”组合、“丝缝—糙砖”抹灰组合。

（3）比例权衡

墙体下碱高度为檐柱高度的 1/3，上身厚度为下碱内退 6 ~ 8mm，内退部分称为退花碱。签尖分为有拔檐的做法和无拔檐的做法两类（图 2-7）。拔檐签尖由一层拔檐砖和签尖两部分组成，高度约为 1.5 倍山柱径，做成斜面。

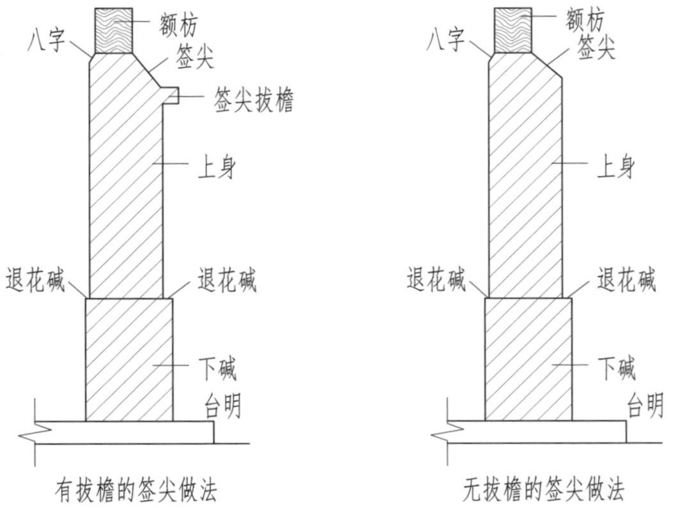

图 2-7　签尖做法示意

2. 悬山山墙构造

（1）挡风板式山墙

墙体砌至山面梁架底部，梁以上露明，山花、象眼处的空档用木板或陡砖封堵。

（2）五花山墙

墙体沿着排山柱、梁架、瓜柱砌成阶梯状。

（3）整体式山墙

墙体一直砌到椽子、望板下。

悬山山墙构造见图 2-8。

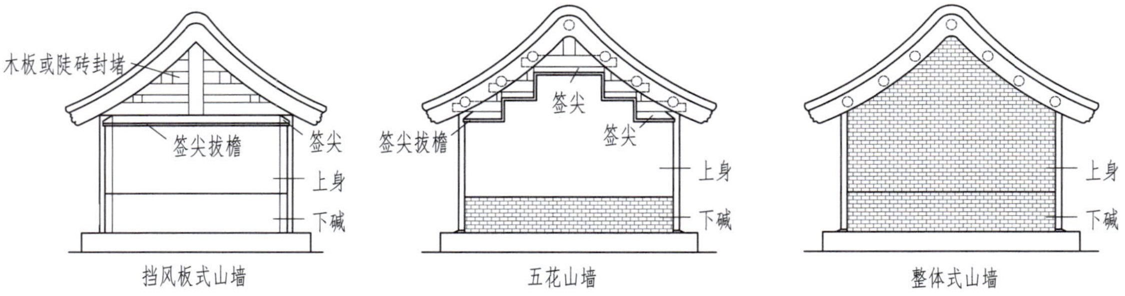

图 2-8　悬山山墙构造

3. 硬山山墙构造

（1）立面组成

硬山墙体由下碱、上身、山尖、博缝四部分组成。

（2）构造做法

构造方面，下碱可以选择干摆或丝缝，上身可以选择整砖上身、抹灰上身和带墙心上身。山尖有整砖砌筑或糙砖抹灰两种形式。博缝按材料分为方砖博缝和条砖卧砌散装博缝，按照形式分为尖山式博缝和圆山式博缝。具体构造见图 2-9。

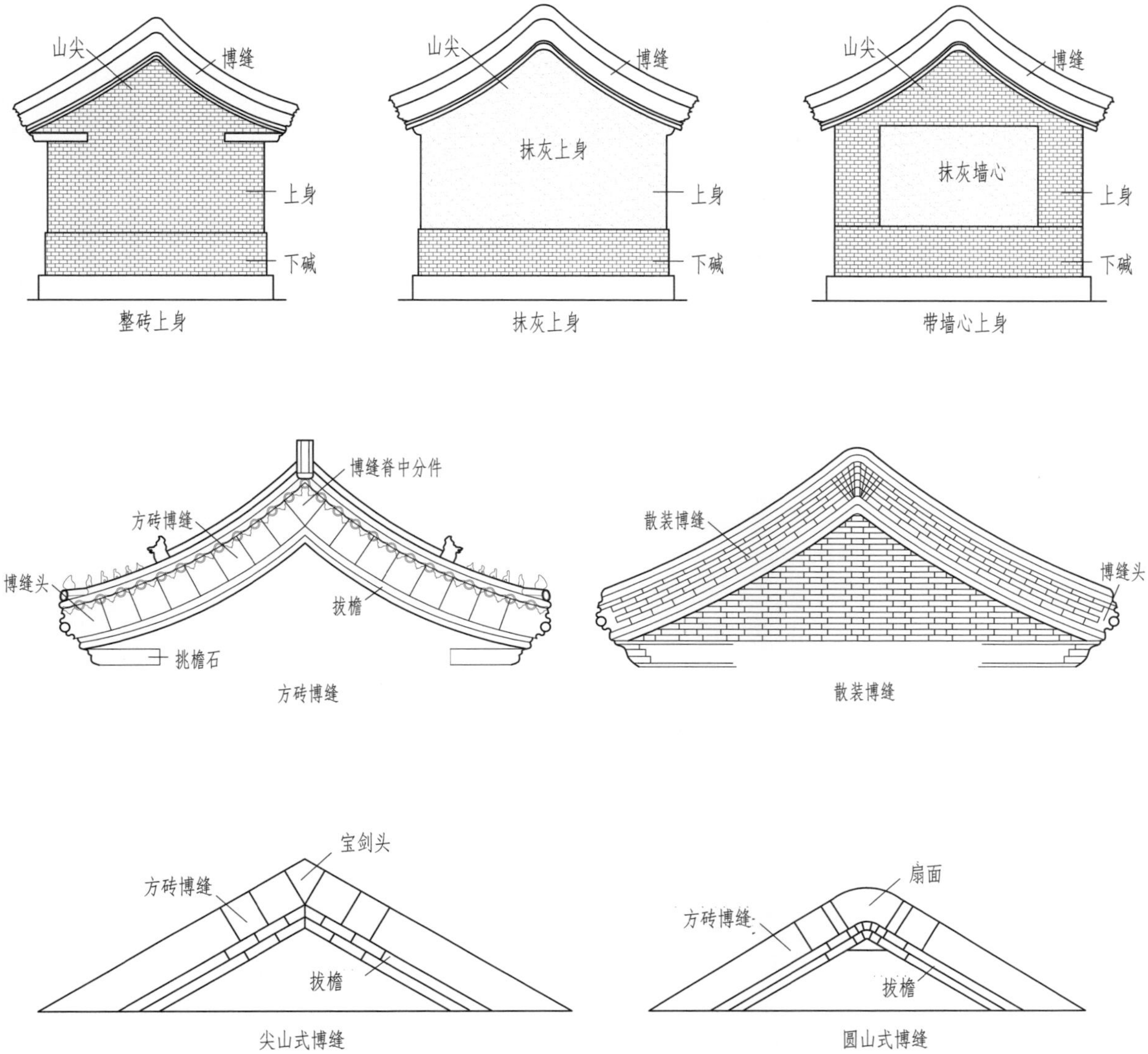
山尖
博缝
上身
下碱
整砖上身
山尖
博缝
抹灰上身
上身
下碱
抹灰上身
山尖
博缝
抹灰墙心
上身
下碱
带墙心上身
博缝脊中分件
方砖博缝
博缝头
拔檐
挑檐石
方砖博缝
散装博缝
博缝头
散装博缝
宝剑头
方砖博缝
拔檐
尖山式博缝
扇面
方砖博缝
拔檐
圆山式博缝

图 2-9　硬山山墙构造

（3）墀头

古建筑山墙两端檐柱以外的墙体称为墀头。墀头由下碱、上身、盘头三部分组成（图 2-10）。

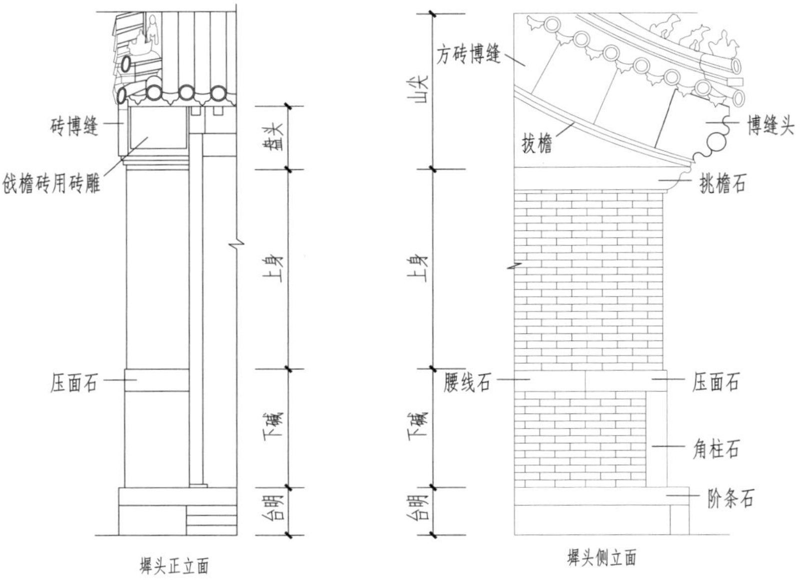

图 2-10　硬山顶建筑墀头

二、槛墙构造

槛墙为窗槛之下的墙体，槛墙高度一般同山墙下碱高度，即檐柱高度的 3/10。常见的槛墙有干摆或丝缝、普通方砖心、中心四岔方砖心、海棠池等做法（图 2-11）。

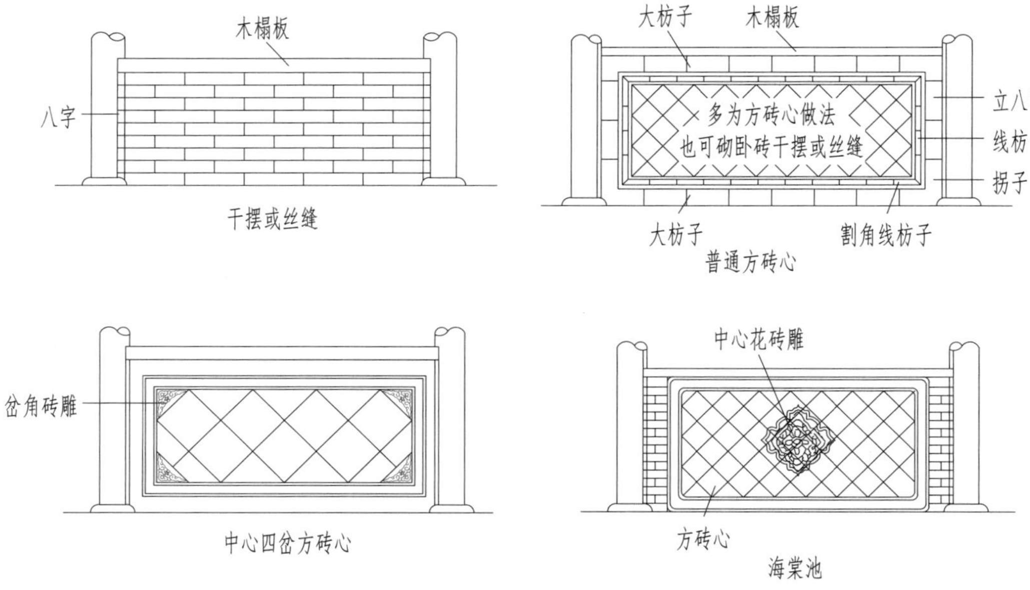

图 2-11　槛墙做法

三、檐墙构造

檐墙分为前檐墙和后檐墙，前檐墙多设隔扇和槛墙，后檐墙又有老檐出和封护檐两种形式。檐椽向外挑出伸出墙体之外为老檐出，檐椽不出挑包裹在墙体之内为封护檐（图 2-12）。

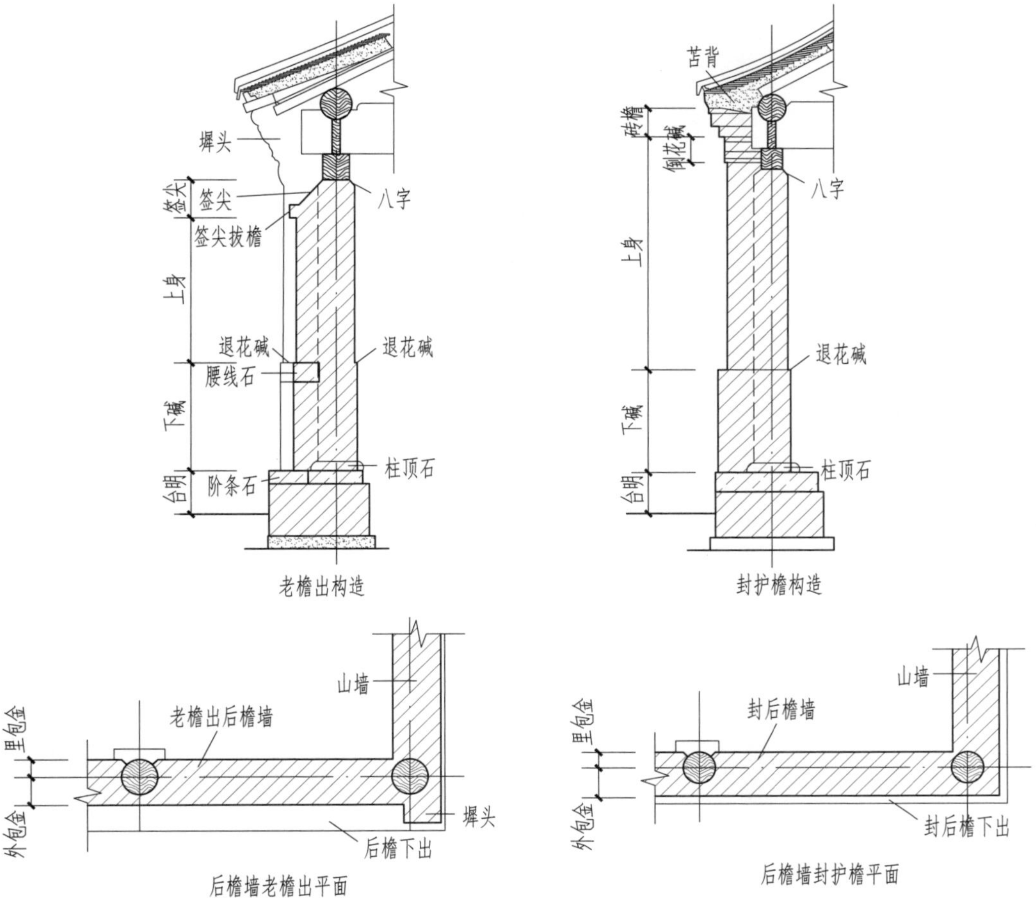

图 2-12　檐墙构造

老檐出签尖形式有馒头顶、宝盒顶、道僧帽、抹灰八字等形式（图 2-13）。

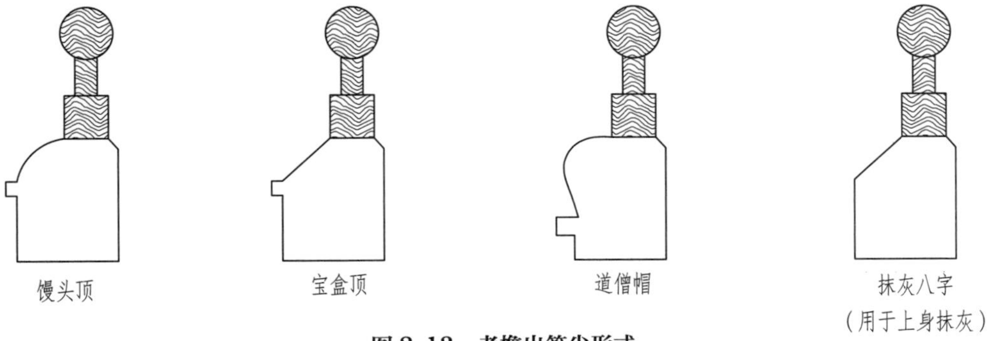

图 2-13　老檐出签尖形式

封护檐砖檐有鸡嗉檐、菱角檐、抽屉檐、冰盘檐等形式（图 2-14）。

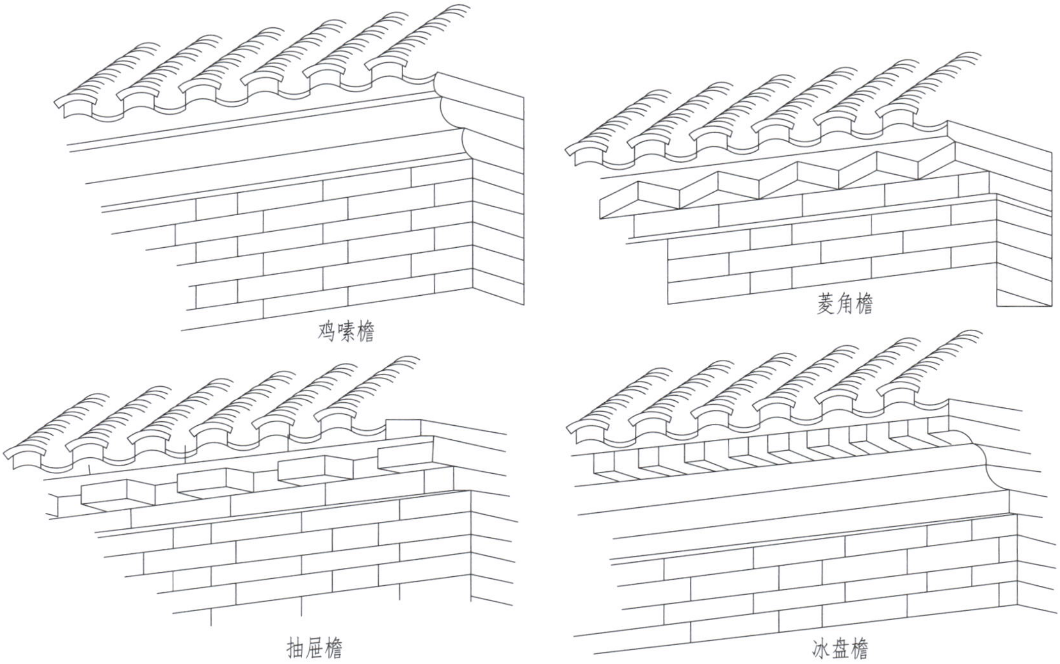

图 2-14　封护檐砖檐的形式

四、现代墙体砌筑工艺

仿古建筑墙体砌筑流程：施工准备（挑砖、选砖）→磨砖、切砖→抄平、放线→立皮数杆→排砖→挂线、砌筑→分段→清缝→勾缝→养护、成品保护。

墙体砌筑施工

❶挑砖、选砖——砌筑前选砖，尺寸偏差大、弯曲、裂纹、缺棱掉角、色差大、有结疤的一律不选

❷磨砖、切砖——采用专用磨砖机根据砌筑要求进行切割打磨，使砖的尺寸规格一致、棱角顺直

❸**抄平、放线**——通过水准仪，对墙体基层进行抄平、放线，标注门窗洞口位置

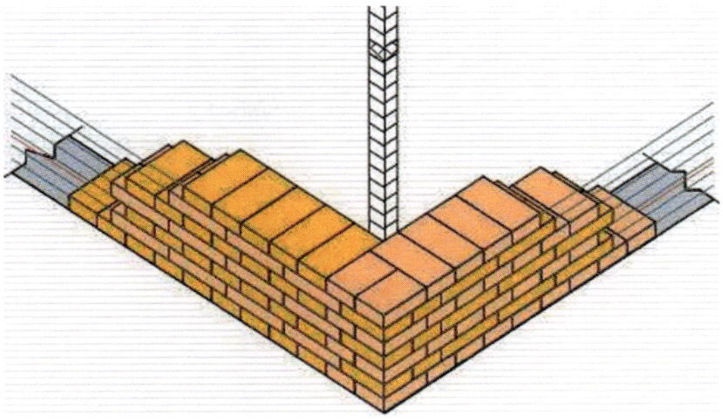

❹**立皮数杆**——皮数杆上应标注每皮砖和灰缝的厚度，门窗洞口、圈梁（或过梁）、楼板、梁底等标高位置

❺**排砖**——根据图纸尺寸按照砖模数进行排砖，洞口两边的砖应对称，特殊部位可使用异型砖

❻**挂线、砌筑**——砌筑时，在皮数杆之间拉线张紧，依线逐皮砌筑，除 120 墙外均挂双面线

❼**分段**——砖墙分段宜留设在分缝处、构造柱或门窗洞口处。青砖墙每天砌筑高度不宜超过 1m

❽**清缝**——勾缝前对留置不规范的灰缝采用切割和剔凿的方式进行清理和修补，确保横平竖直、宽度一致

❾**勾缝**——采用成品勾缝剂，勾缝前墙面应充分湿润，边清理边勾缝，确保成型的砖缝光滑密实

❿**养护、成品保护**——砖墙应随砌随清理随保护，砌筑过程可用清水进行冲洗，完成后大面整体冲洗

第三节 墙体抹灰

仿古建筑墙体抹灰一般采用石灰砂浆、水泥砂浆、混合砂浆、麻刀灰、纸筋灰等对建筑物的面层抹灰罩面。其做法见表 2-2。

表 2-2　一般抹灰饰面做法

抹灰名称	底层		面层		应用范围
	材料	厚度 /mm	材料	厚度 /mm	
混合砂浆抹灰	1 ∶ 1 ∶ 6 水泥石灰砂浆	12	1 ∶ 1 ∶ 6 水泥石灰砂浆	8	民用建筑内外墙面
水泥砂浆抹灰	1 ∶ 3 水泥砂浆	12	1 ∶ 2.5 水泥砂浆	8	民用建筑外墙面
纸筋麻刀灰抹灰	1 ∶ 3 石灰砂浆	13	纸筋灰、麻刀灰	2	民用建筑内墙面
石膏灰罩面	1 ∶ 3 麻刀灰砂浆	13	石膏灰	3	室内顶棚和墙面抹灰的罩面

第三章

构架构造与施工

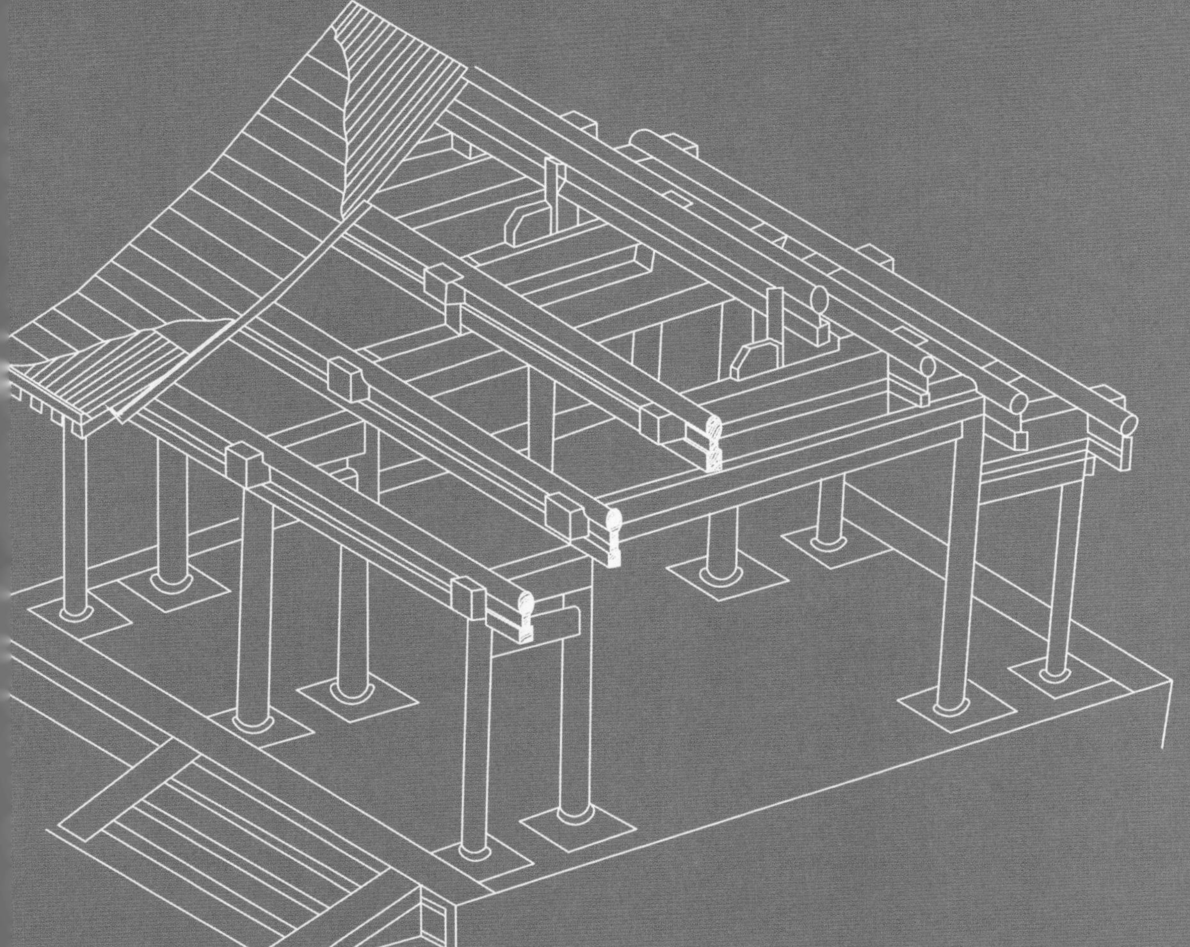

第一节 硬山顶、悬山顶建筑

一、硬山顶、悬山顶建筑特征

1. 硬山顶建筑特征

硬山顶建筑是常见的传统建筑形式，常见于庭院、寺庙等。硬山顶建筑屋面仅有前后两坡，左右两侧山墙与屋面边缘相交，并将山部一缝檩木梁架外侧全部封砌在山墙内，显得质朴刚硬，故名硬山（图 3-1）。

图 3-1　硬山顶建筑特征

2. 悬山顶建筑特征

悬山顶建筑也较常见，屋顶结构与硬山顶基本相同，只是山面檩木向外伸出山墙或山面梁架以外一段距离，这样屋面就有一部分悬挑于山墙或山面梁架之外，故名悬山（图 3-2）。

图 3-2　悬山顶建筑特征

二、硬山顶、悬山顶建筑木构架简图

根据屋顶是否起脊，构架分为尖山式、圆山式（卷棚）两种。

1. 尖山式构架

尖山式构架常见的形式有五檩无廊式、五檩前出廊式、五檩中柱式、六檩前出廊式、七檩前后廊式、七檩中柱式、九檩前后廊式、九檩前后双步梁式（图 3-3）。

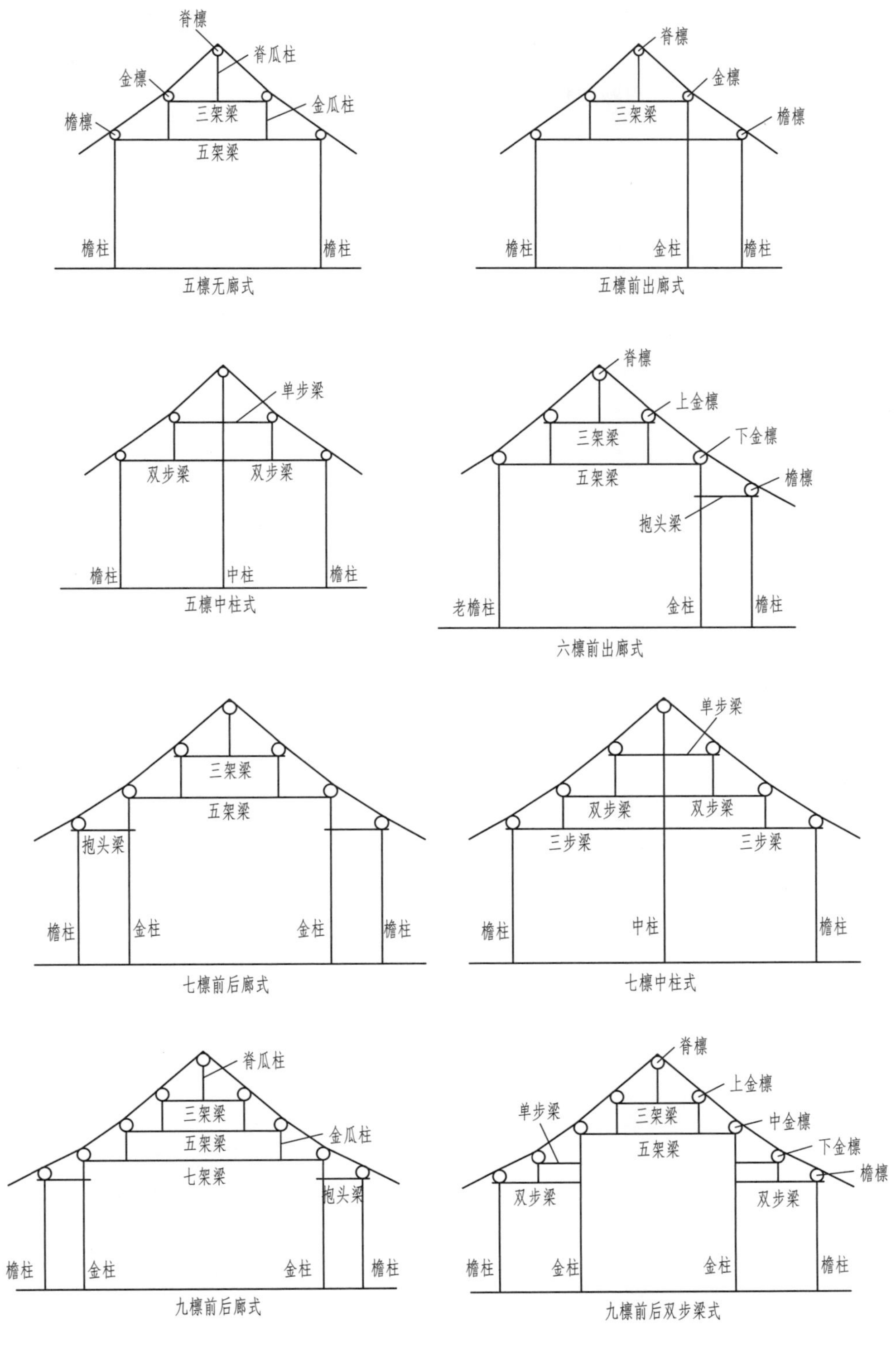

图 3-3　尖山式硬山、悬山构架简图

七檩前后廊式建筑是小型民居中体量最大、最具代表性的建筑，其木构架沿进深方向共有四排柱子，分别为前檐柱、前金柱（老檐柱）、后金柱、后檐柱。在檐柱和金柱之间柱头部位架设抱头梁，梁下设穿插枋。在金柱之间架设五架梁，梁下设随梁枋，梁上立瓜柱，瓜柱之上架设三架梁，然后再立脊瓜柱，柱顶直接承托脊檩，为了保证脊瓜柱的稳定性，在瓜柱下部设有角背。沿面阔方向在梁头架设檩条，檩条与其下部构件檩垫板、檩枋叠加在一起，称为“檩三件”。檩上架设椽子，从上而下依次为脑椽、花架椽、檐椽、飞椽。椽子上铺设望板。

在山墙部位，为了加强山墙部位的受力性能，在脊檩的位置增加了山中柱，使得五架梁中分成两段，形成两根双步梁，三架梁变成两根单步梁。具体构架见图 3-4 至图 3-7。

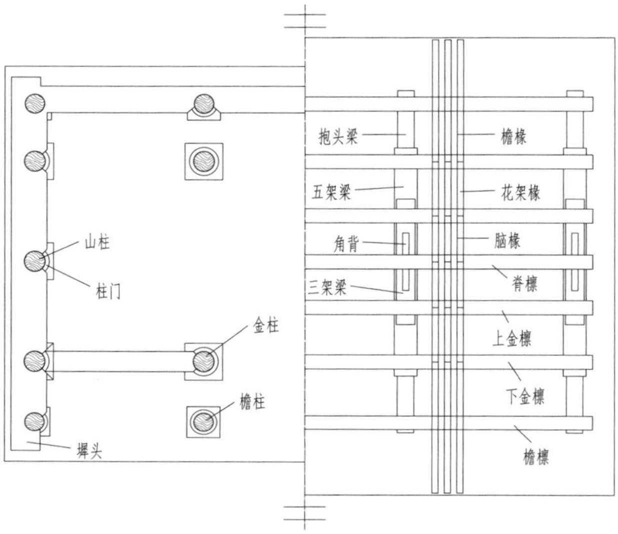

图 3-4　七檩前后廊式硬山、悬山平面图与构架俯视图

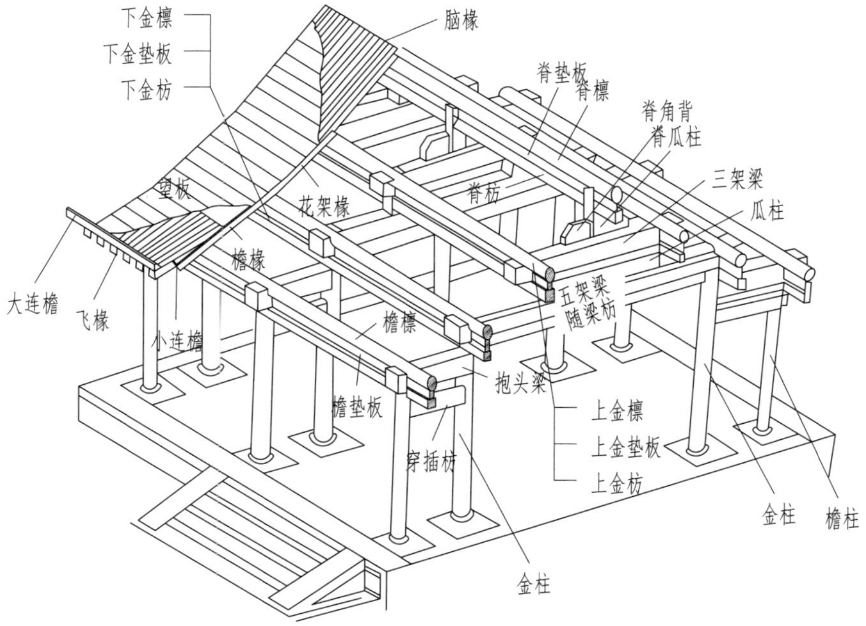

图 3-5　七檩前后廊式硬山、悬山木构架轴测图

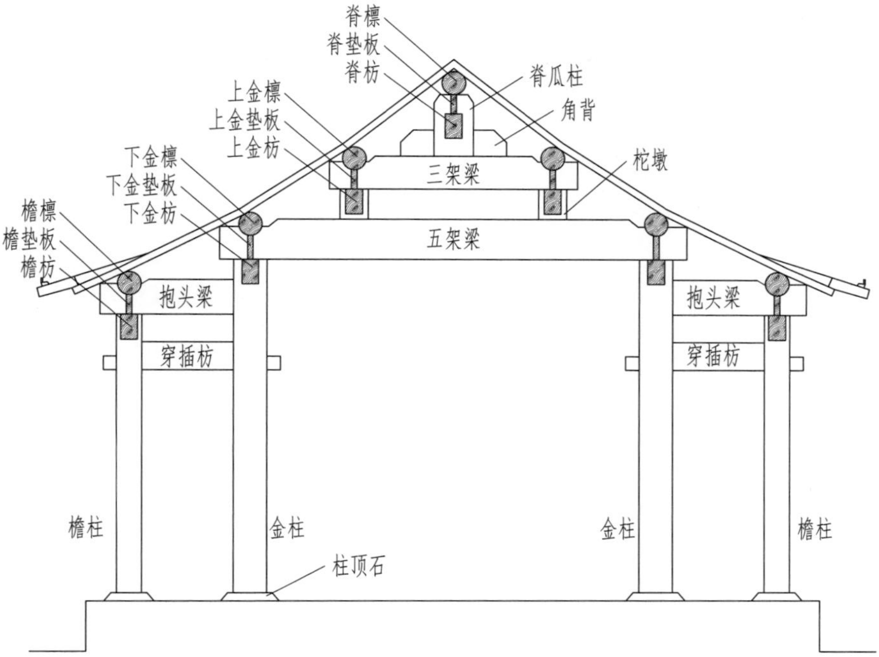

图 3-6　七檩前后廊式硬山、悬山正身木构架

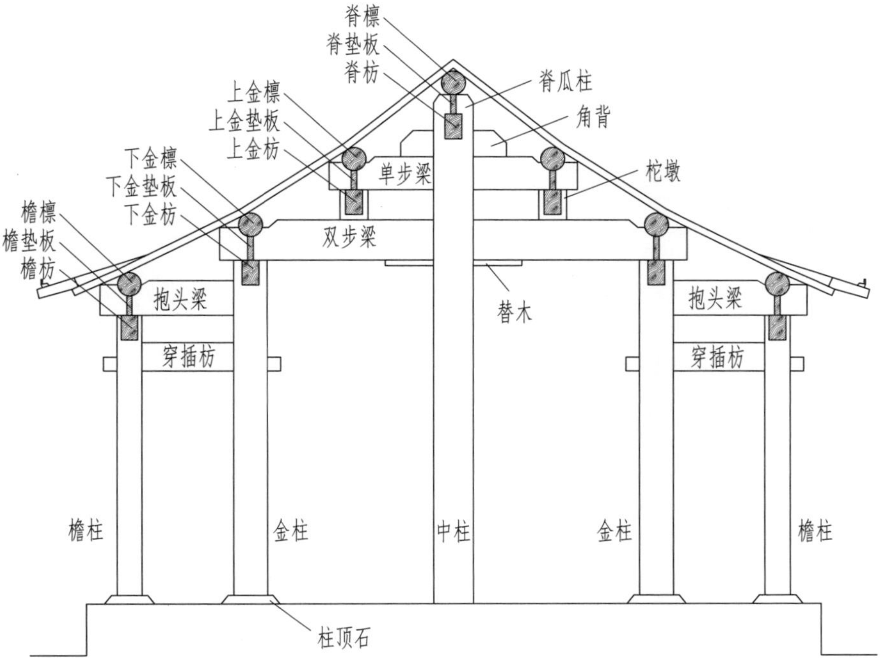

图 3-7　七檩前后廊式硬山、悬山两山木构架

2. 圆山式（卷棚）构架

圆山式构架常见的形式有四檩卷棚式、六檩卷棚式、八檩前后廊卷棚式（图 3-8）。

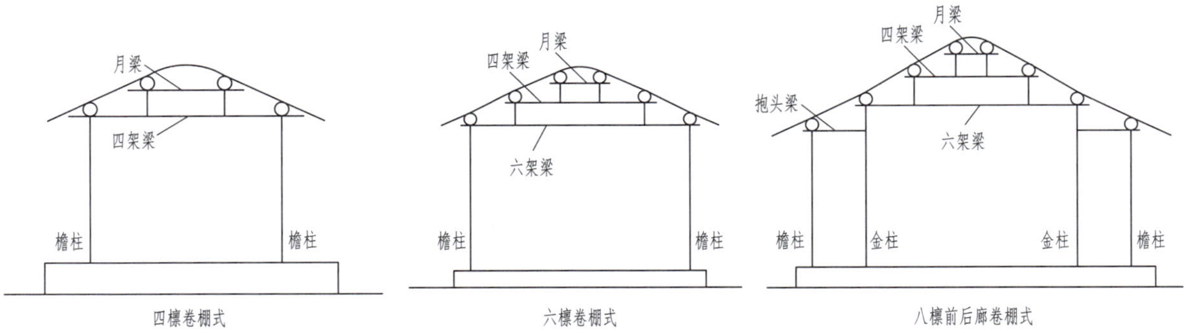

图 3-8　圆山式（卷棚）硬山、悬山构架简图

三、硬山顶、悬山顶建筑细部构造

1. 上下檐出与回水

上檐出是指屋檐向外伸出的距离，从檐柱中心线算至飞椽外皮。下檐出是指台基自檐柱中心线向外伸出的距离。上檐出要大于下檐出，二者之差称为回水（图 3-9）。

（1）有斗栱建筑上檐出的确定

上檐出 = 斗栱出踩 +21 斗口（其中檐椽平出 14 斗口，飞椽平出 7 斗口）

（2）无斗栱建筑上檐出的确定

上檐出 = 檐柱高度的 3/10（其中檐椽平出占 2/3，飞椽平出占 1/3）

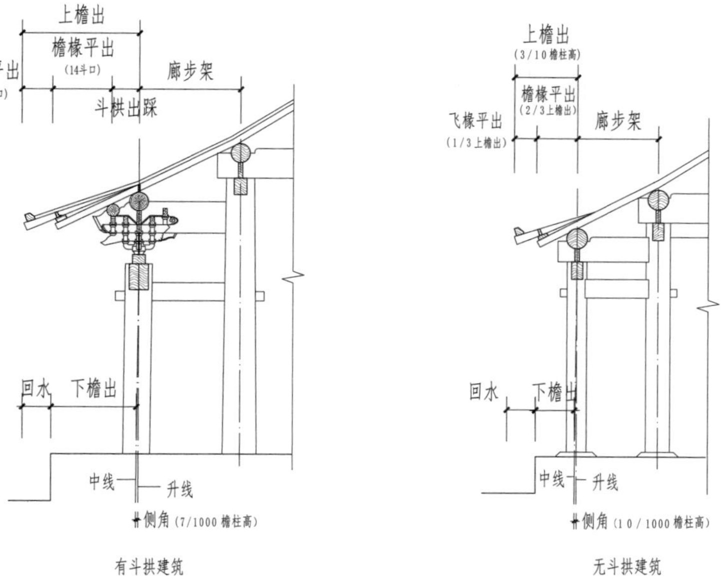

图 3-9　清制上下檐出与回水

2. 悬山出梢

（1）悬山出梢构造

在悬山顶建筑中，将建筑两梢间的檩木同时向山墙外（木构架外）伸出一段距离，形成山面出檐的做法，其作用是防止雨水冲刷墙身。清代《工程做法则例》规定，从山柱中心线向外出四椽四档（图 3-10）。

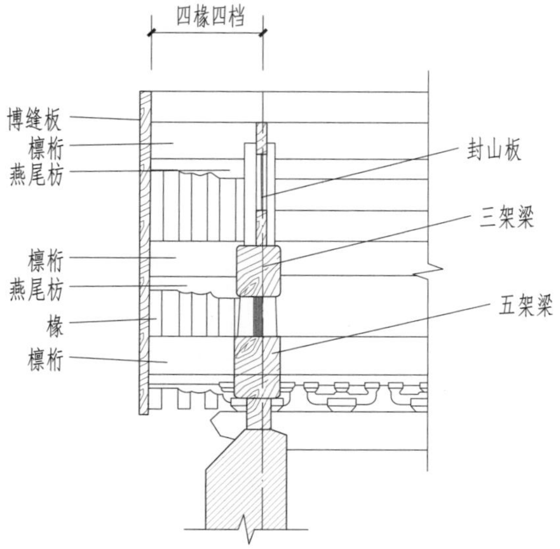

图 3-10　清制悬山出梢构造

（2）博缝板与燕尾枋

为了保护悬挑在外部的各檩头免受风吹雨淋，在各梢檩端头钉上人字形木板，称为博缝板。同时，在悬挑部位的梢檩下部增加一根“燕尾枋”，以起到加固和美观的作用。具体尺度见图 3-11。

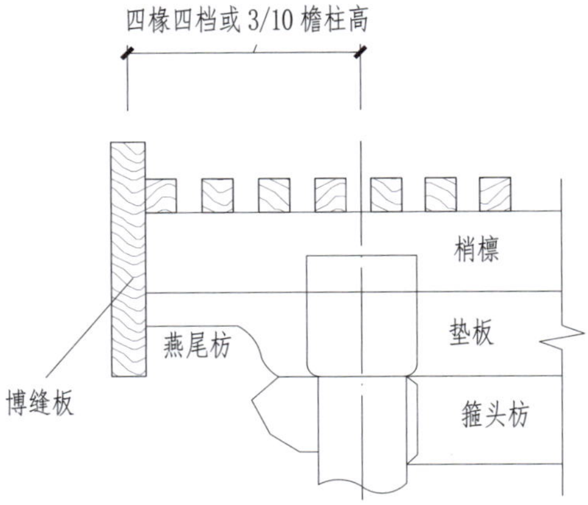

图 3-11　博缝板与燕尾枋

3. 梁架节点构造

（1）梁头构造

清制梁头部位处可反映的构造主要有檩、檩垫板、檩下枋及对应的檩碗、垫板插口、鼻子榫（图 3-12）。檩碗是为了安放檩条、防止檩条滚动的构造，深度不得大于 1/2 檩径，且不得小于 1/3 檩径。梁头两侧檩碗之间必须有鼻子榫，榫宽为梁头宽度的 1/2。

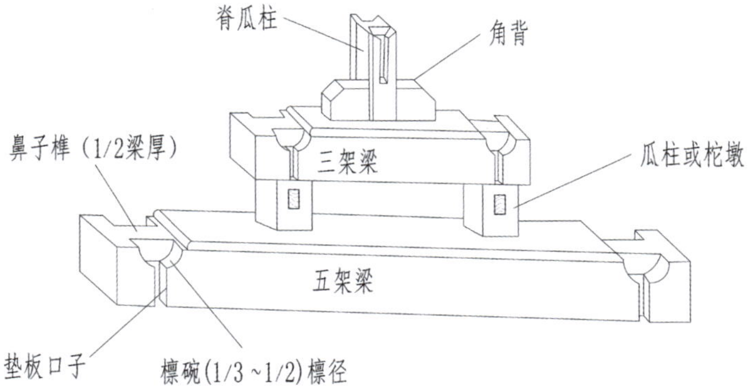

图 3-12　清制梁头构造

（2）梁架构造

尖山式梁架顶部采用三架梁立单脊瓜柱的做法，脊瓜柱与梁背之间采用双榫连接，脊瓜柱上端要直接承接脊檩，上部要砍出檩碗，并留出小鼻子（约为脊瓜柱厚的 1/4)，两侧檩碗之下还应砍出脊垫板和脊枋的插接凹槽。另外，由于脊瓜柱较高，为保证稳定性，在瓜柱的根部采用了角背作为加强。

卷棚构架顶部采用四架梁，梁背上栽置双脊瓜柱以支顶上层月梁。清制梁架构造见图 3-13。

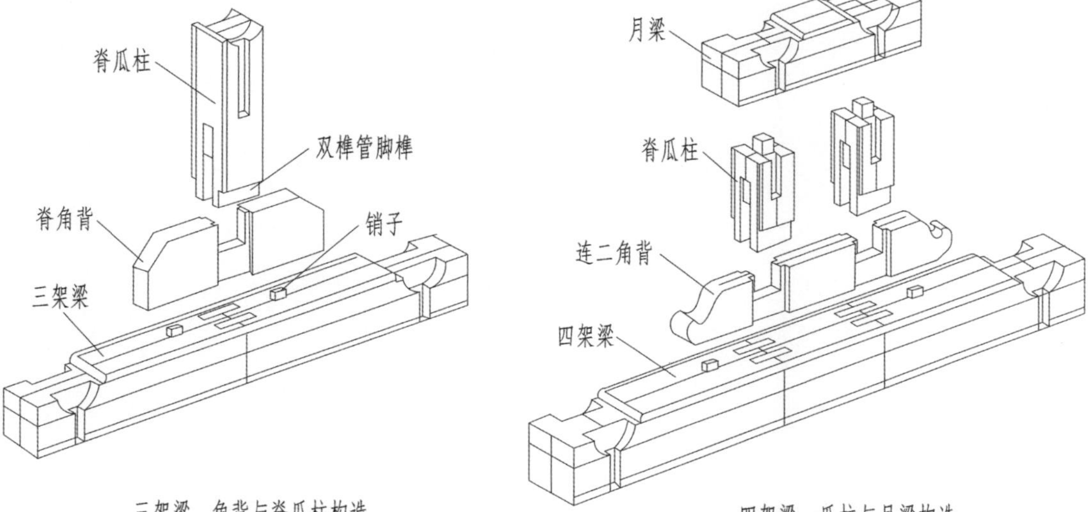

三架梁、角背与脊瓜柱构造　　四架梁、瓜柱与月梁构造

图 3-13　清制梁架构造

（3）椽子搭接构造

椽子搭置在相邻的两根檩条之上，一般位置上，椽子上下搭接的方法有斜搭掌式、乱搭头式、交掌（墩掌）式和椽花连接四种。脊檩位置椽子搭接，有扶脊木或椽花时，在构件两侧剔凿椽窝，以承椽子的尾部；无扶脊木或椽花时，采用合掌式或乱搭头式。椽子搭接构造见图 3-14。

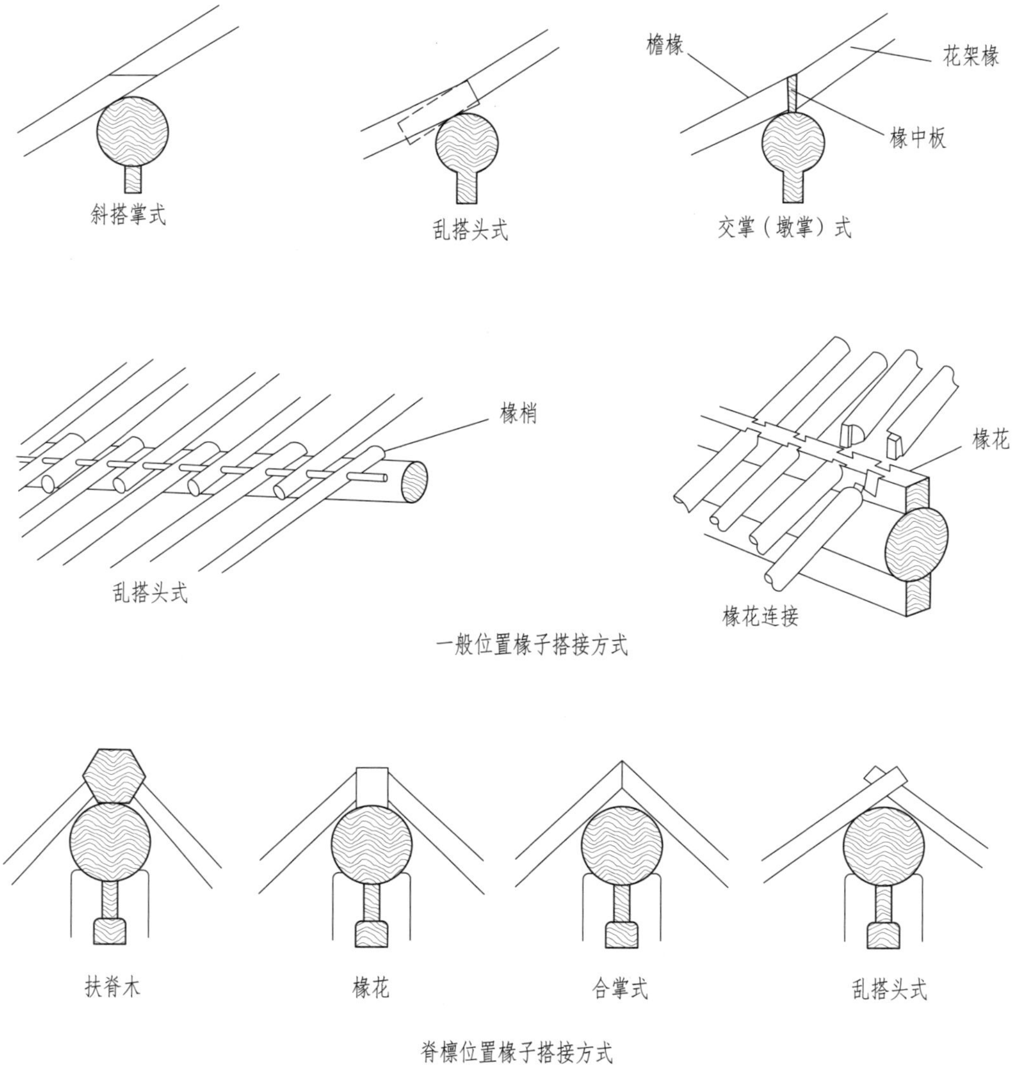

图 3-14　椽子搭接构造

第二节 庑殿顶建筑

一、庑殿顶建筑特征

庑殿顶又称四阿顶、四注顶、五脊殿、吴殿，屋顶为四坡顶，两山做成斜坡面，与前后坡屋面相交，形成四面排水的形式。

庑殿顶建筑是中国古代建筑中形制最老、等级最高、做法最讲究、单体规模最为宏大的建筑，多用于坛庙、重要殿堂等高级建筑之上（图 3-15）。

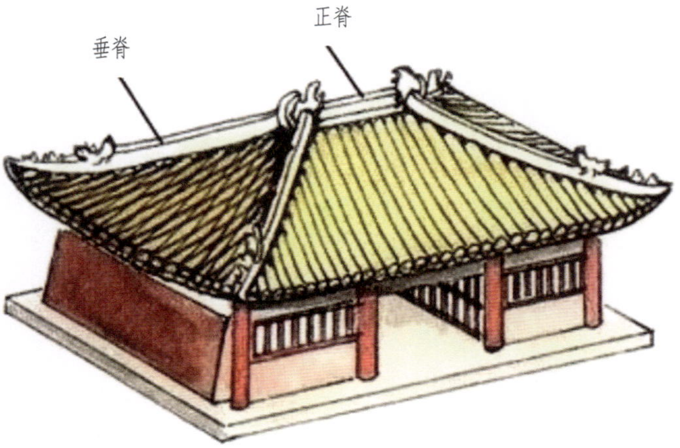

图 3-15　庑殿顶建筑特征

二、庑殿顶建筑木构架简图

1. 正身木构架构造

庑殿顶建筑木构架主要有五檩中柱式、七檩中柱式、七檩前后廊式、九檩前后廊式和多檩横梁组合式等几种（图 3-16）。

屋顶荷载由檩木作为承托构件，通过瓜柱将荷载传递到梁架上，并落脚于檐柱和金柱承重。在面阔方向由枋木连接成整体。

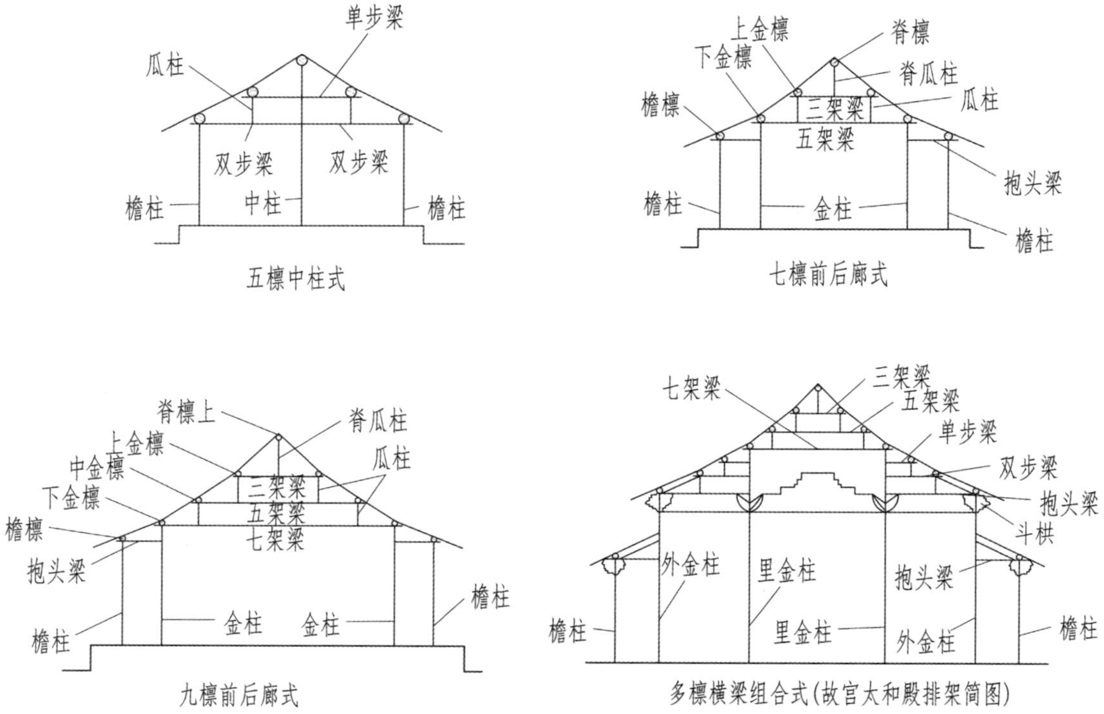

图 3-16　庑殿顶建筑木构架简图

2. 山面与转角木构架构造

庑殿顶建筑为四坡屋面，前后两坡屋面的檩桁是沿面宽方向排列的，搭置在进深方向的梁架上。山面的檩桁是沿进深方向排列的，在古建筑中，常采用在檩桁搭交位置下部设置顺梁或趴梁的方法。

（1）顺梁法

与面阔方向相同，做法与对应的梁架相同，其外端搭设在山面檐柱之上，里端插入金柱柱身。若山面梁头下没有柱子支承，就不能采用顺梁法，而改用“趴梁法”。

（2）趴梁法

指梁两端或一端趴搭在山面檩桁或梁上，由檩桁支撑而非搭在柱上。趴梁和顺梁的上下位置正好相反，顺梁在檩桁下，梁头做成檩碗承接檩桁；而趴梁是扣搭在檩桁上，在外端做出假梁头样式。

在庑殿顶建筑中，顺梁与趴梁常常是结合起来使用的，在山面有檐柱承接的情况下，山面最下一层梁常采用顺梁，在顺梁之上承接山面檐檩；在下金檩之上则采用趴梁法，趴梁之上承上金檩，如此逐架而上，直到脊部。详见图 3-17。

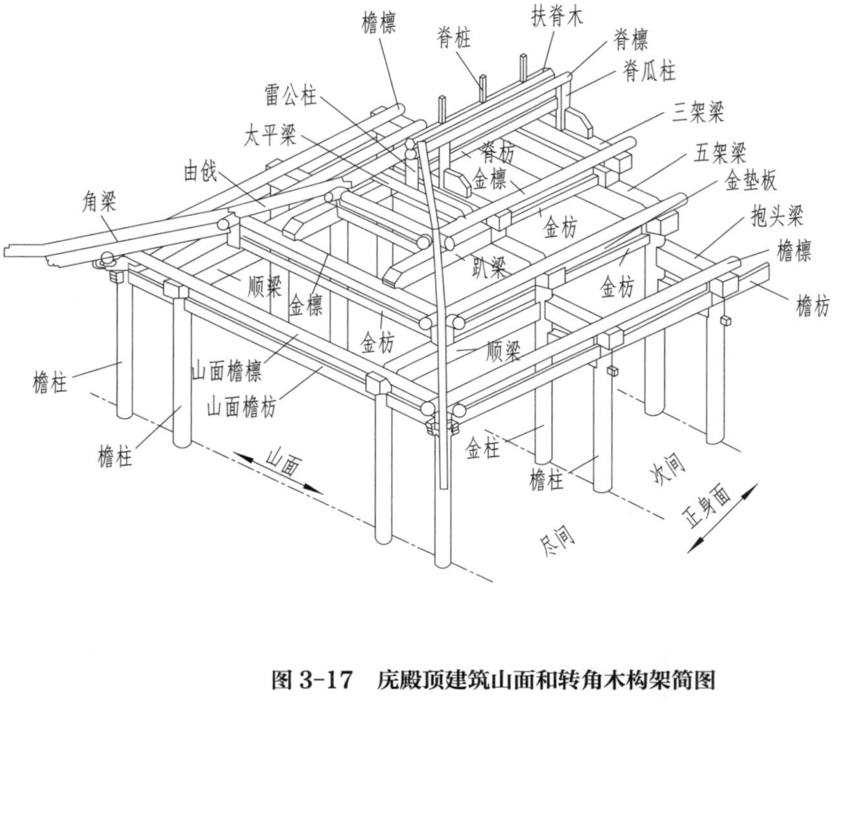

图 3-17　庑殿顶建筑山面和转角木构架简图

（3）递角梁法

在角檐柱和脊檩下部的落地通柱之间架设 45° 方向的水平斜梁，在梁上立交金瓜柱以承搭交金檩。

（4）抹角梁法

以在正身檐檩与山面檐檩之上呈 45° 、与角梁呈 90° 的方向安置水平斜梁，抹角梁的中轴线通过搭交金檩的轴线交点，在其上安放交金瓜柱以承搭交金檩，这样向上反复叠架形成。趴梁法、抹角梁法、递角梁法的比较详见图 3-18。

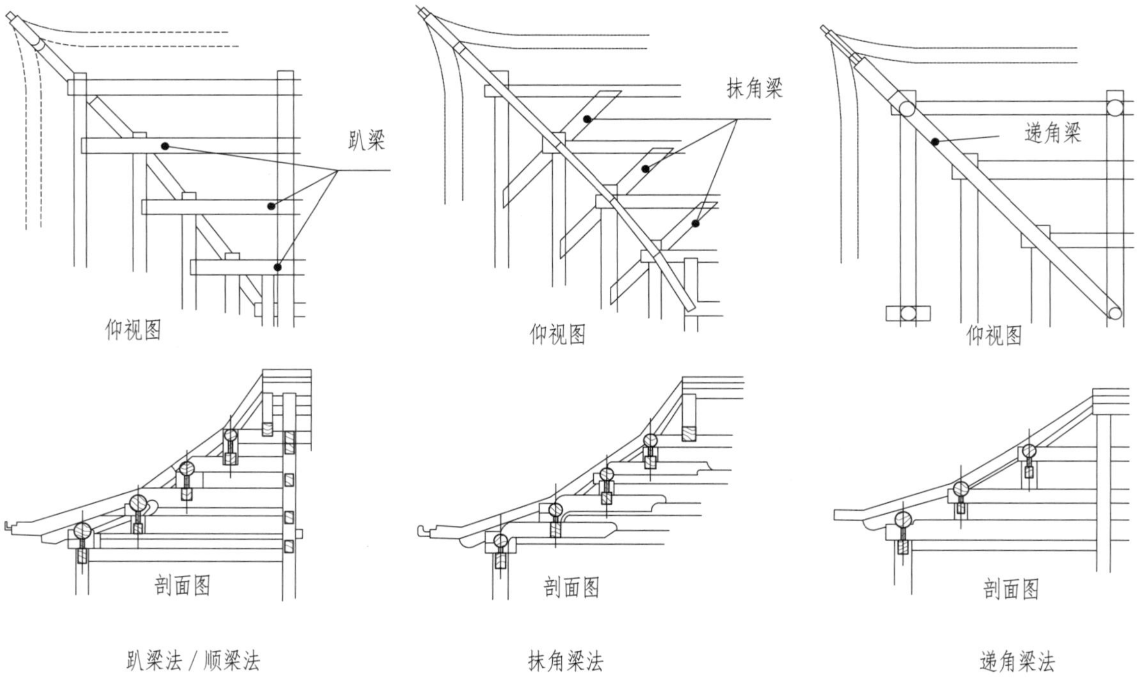

图 3-18　趴梁法、抹角梁法、递角梁法比较

三、庑殿顶建筑推山法

1. 推山构造

庑殿顶建筑的垂脊投影线之所以是一条弯曲线，是因为设计时做了推山处理。

所谓推山，就是将庑殿顶建筑两山坡屋面向外推出，从而使得正脊加长、垂脊形状弯曲、两山坡面变陡的做法。庑殿顶建筑推山后由于正脊加长，脊檩从梁架向外出挑，在脊檩端部增设太平梁、雷公柱以承脊檩。推山构造详见图 3-19 至图 3-21。

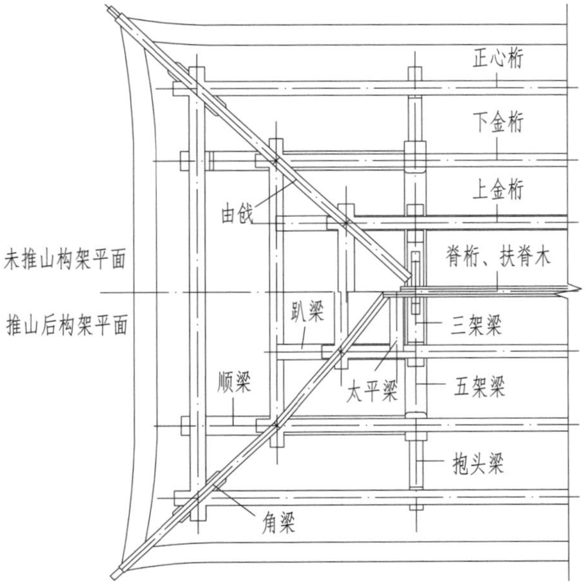

图 3-19　推山与不推山梁架平面图比较

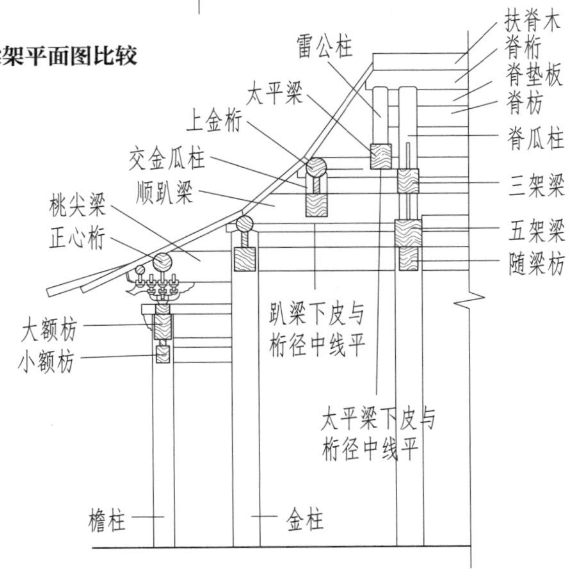

图 3-20　山面纵剖面图

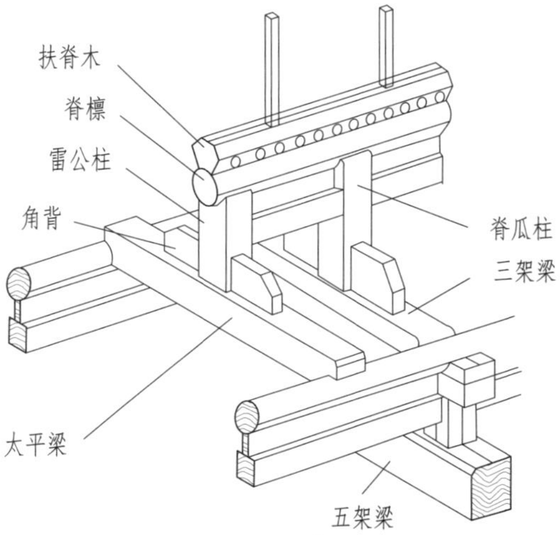

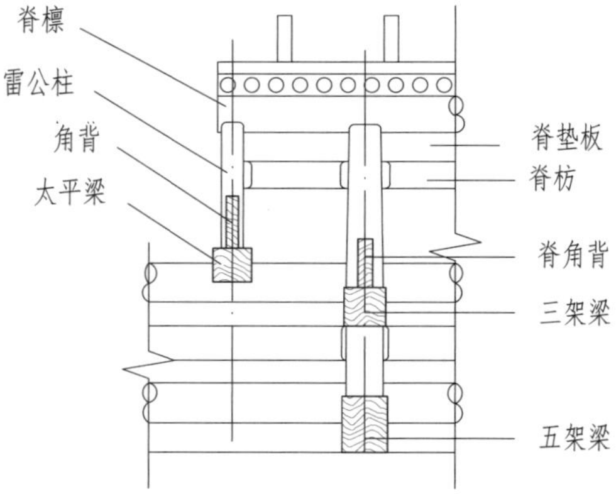

图 3-21 雷公柱与太平梁构造

2. 推山法则

（1）当檐、金、脊各步架相同时

例如，九檩各步架尺寸为 5 尺（1 尺 =33.33cm）：

第一步，檐步不推。

第二步，下金步按一成推，即所推尺寸为该步架尺寸的 1/10，下金步长 5 尺，则推山尺寸为 0.5 尺，下金步架所余净尺寸为 4.5 尺。

第三步，上金步再按一成推，即推山尺寸仍为该步架尺寸的 1/10，但由于下金步的推出，该步架尺寸变为 4.5 尺，故上金步架所余净尺寸为 4.05 尺。

第四步，脊步再按一成推，由于上两步的推出，该步架尺寸变为 4.05 尺，最后上金步架所余净尺寸为 3.645 尺（表 3-1、图 3-22）。

表 3-1 庑殿推山计算（等步架）

步架	推山前步架尺寸	推山后步架尺寸	推山尺寸
檐步	5 尺	5 尺	—
下金步	5 尺	5-0.5=4.5 尺	0.5 尺
上金步	5 尺	4.5-0.45=4.05 尺	0.45 尺
脊步	5 尺	4.05-0.405=3.645 尺	0.405 尺

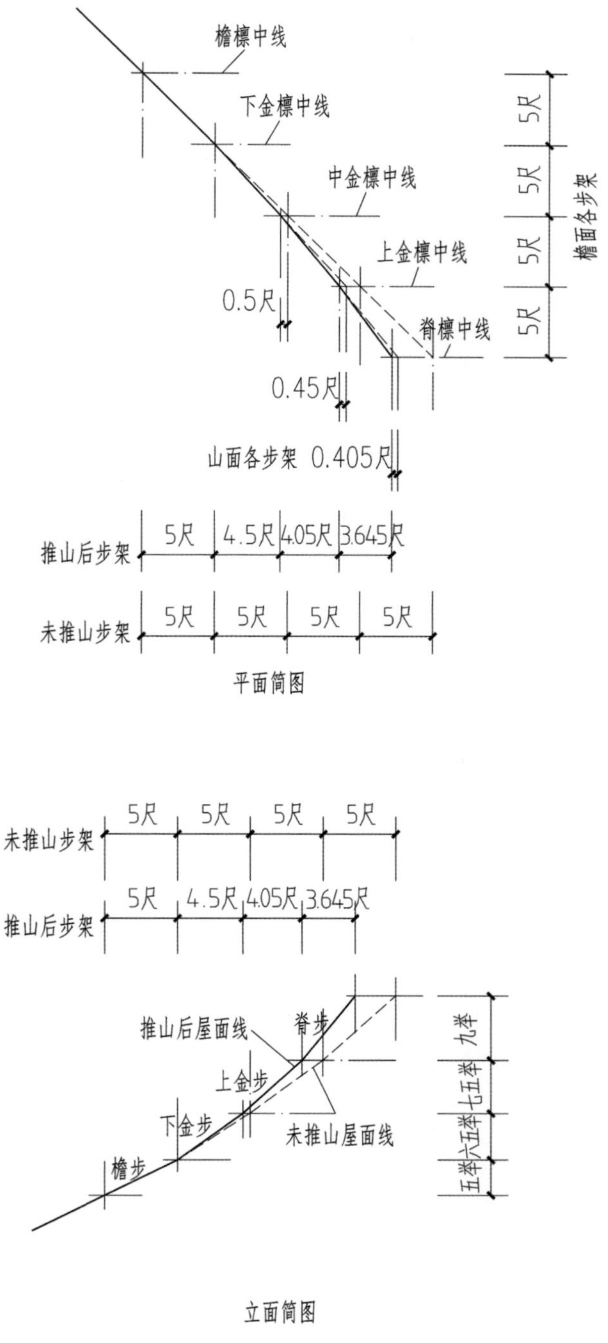

图 3-22 檐、金、脊各步架相同时庑殿推山简图

（2）当檐、金、脊各步架不同时

例如，以九檩檐步架 6 尺、下金步架 5 尺、上金步架 4 尺、脊步架 3 尺为例：

第一步，檐步不推。

第二步，下金步按一成推，下金步长 5 尺，则推山尺寸为 0.5 尺，下金步架所余净尺寸为 4.5 尺。

第三步，上金步再按一成推，由于下金步的推出，该步架尺寸变为 3.5 尺，故上金步架所余净尺寸为 3.15 尺。

第四步，脊步再按一成推，由于上两步的推出，该步架尺寸变为 2.15 尺，最后上金步架所余净尺寸变为 1.935 尺（图 3-23、表 3-2）。

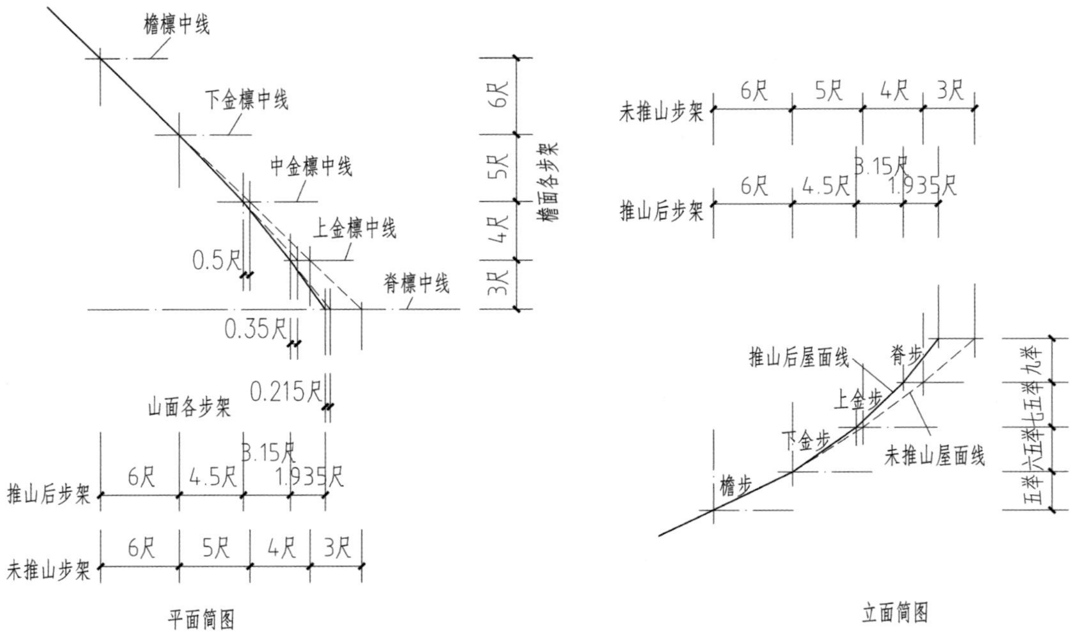

图 3-23　檐、金、脊各步架不同时庑殿推山简图

表 3-2　庑殿推山计算（不等步架）

步架	推山前步架尺寸	推山后步架尺寸	推山尺寸
檐步	6 尺	6 尺	—
下金步	5 尺	5-0.5=4.5 尺	0.5 尺
上金步	4 尺	4-0.5-0.35=3.15 尺	（4-0.5）/10=0.35 尺
脊步	3 尺	3-0.5-0.35-0.215=1.935 尺	（3-0.5-0.35）/10=0.215 尺

第三节 歇山顶建筑

一、歇山顶建筑特征

歇山顶又称厦两头、九脊殿、汉殿、曹殿，是一种四坡屋面，但山面不同于庑殿顶直接从屋脊斜坡而下，而是通过垂直山面一定距离后再斜坡而下，故取名为歇山。从形象上看，歇山顶建筑是庑殿顶建筑与悬山顶建筑的有机结合，歇山顶屋面上段具有悬山顶建筑的形象和特征，下段则具庑殿顶建筑的形象和特征（图 3-24）。

图 3-24　歇山顶建筑特征

歇山顶建筑在封建社会屋顶等级中仅次于庑殿顶建筑，被广泛应用到殿堂、楼阁和亭廊舫榭等园林建筑之中。

二、歇山顶建筑木构架简图

1. 单开间无廊歇山构造

（1）趴梁法

通过设置趴梁承接踩步金等山面构件，其趴梁两端搭置在前后檐檩上，作为承接踩步金的构件，其上安装柁墩或直接叠放踩步金等构件（图 3-25）。

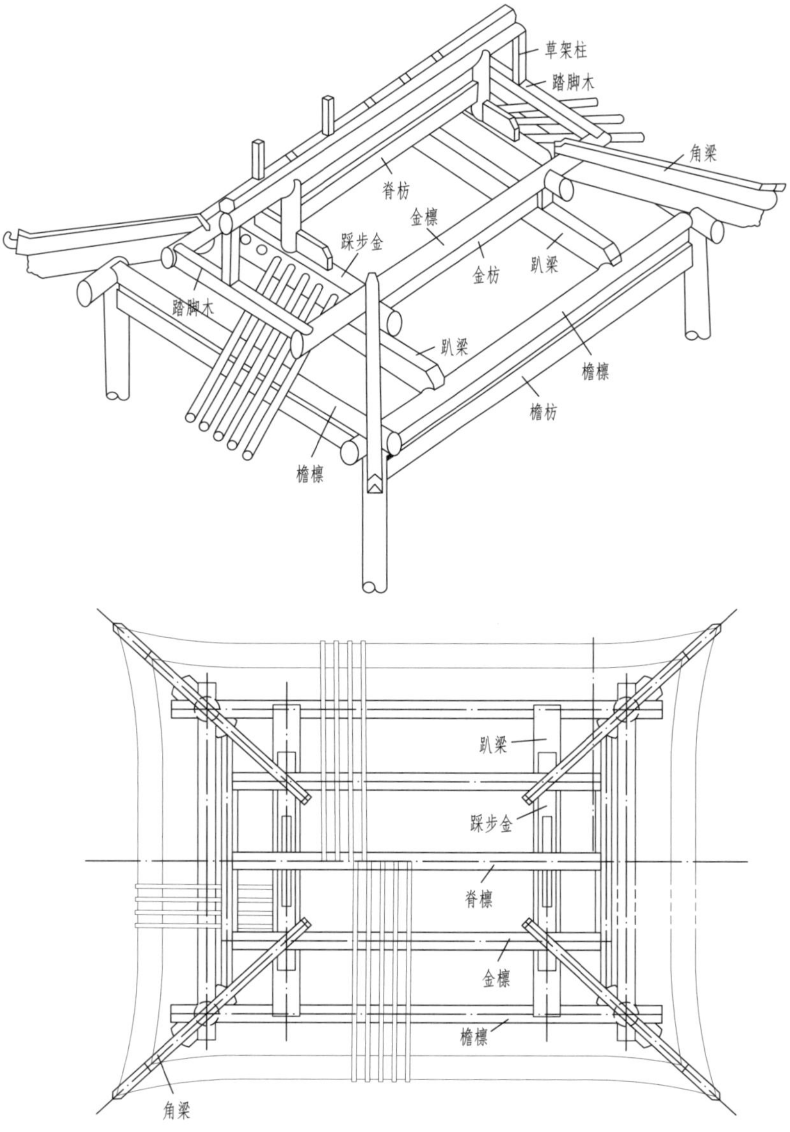

图 3-25　单开间无廊歇山趴梁法构造

（2）抹角梁法

抹角梁是趴梁的一种，因其搭置角度分别与建筑物的面宽、进深呈 45° 而得名。采用抹角梁时，要使抹角梁的老中与踩步金的中轴线重合，以保证踩步金与抹角梁结合的稳定性和牢固性（图 3-26）。

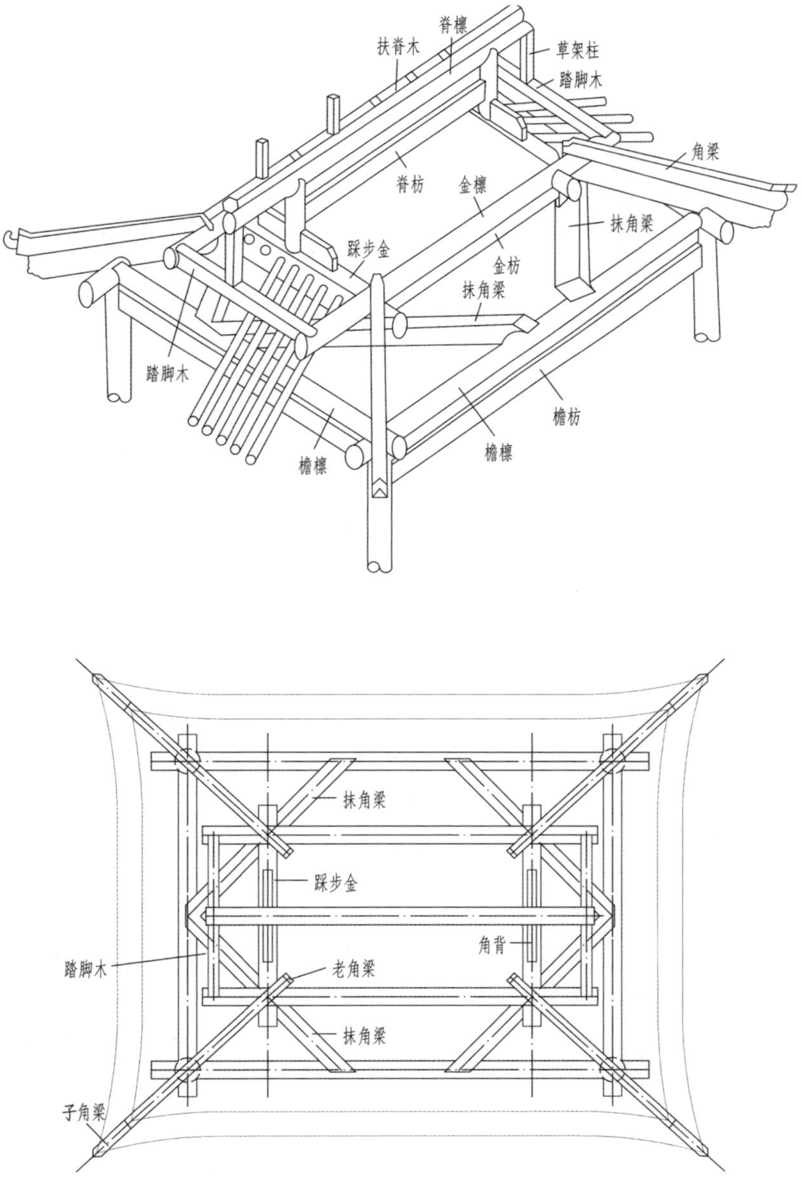

图 3-26　单开间无廊歇山抹角梁法构造

2. 带前廊歇山构造

带前廊歇山的山面构架通常采用趴梁法，将前檐金枋的内一端做燕尾榫交于金柱头，外一端做出趴梁榫趴置于山面檐檩上。山面檐柱柱头提高至檐檩下皮，在柱头上直接做出檩碗以承接檐檩，在柱头外侧做出假梁头。

后檐趴梁的内一端可直接搭置在梁背上作为正身梁架的柁墩，外一端做趴梁榫趴置于山面檐檩上。此处应注意，尽管前后都使用趴梁，但前檐所用的是金枋带趴梁，后檐使用的是一般趴梁，见图 3-27。

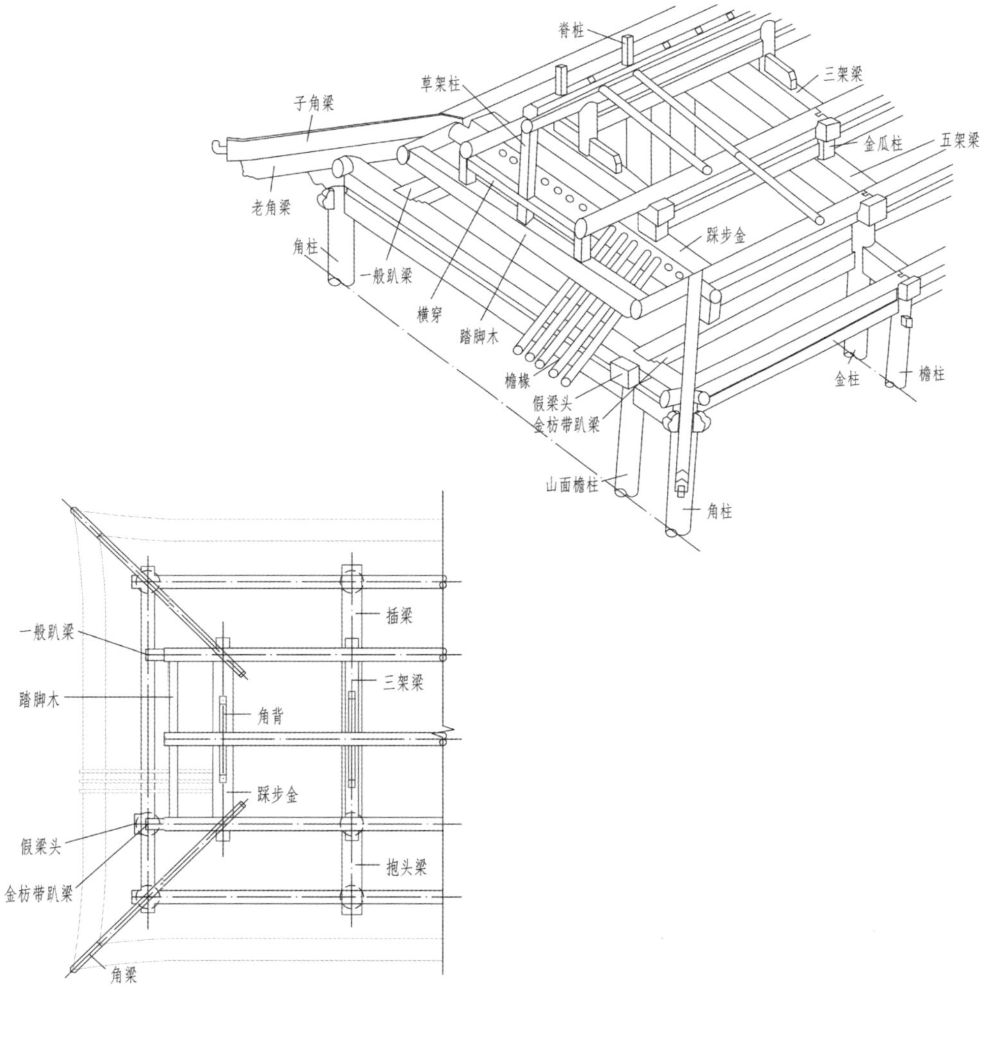

图 3-27　带前廊歇山构造

3. 前后廊歇山构造

（1）顺梁法

顺梁安置方向平行于建筑的面阔方向，其外端搭置在山面檐柱之上，梁头上承接山面檐檩，内一端做榫插在金柱上，在梁背与踩步金轴线相交位置安装交金瓜柱，支承踩步金。

顺梁法适用于一些体量较大的歇山顶建筑，因为顺梁断面较大，梁身承载力较强（图 3-28）。

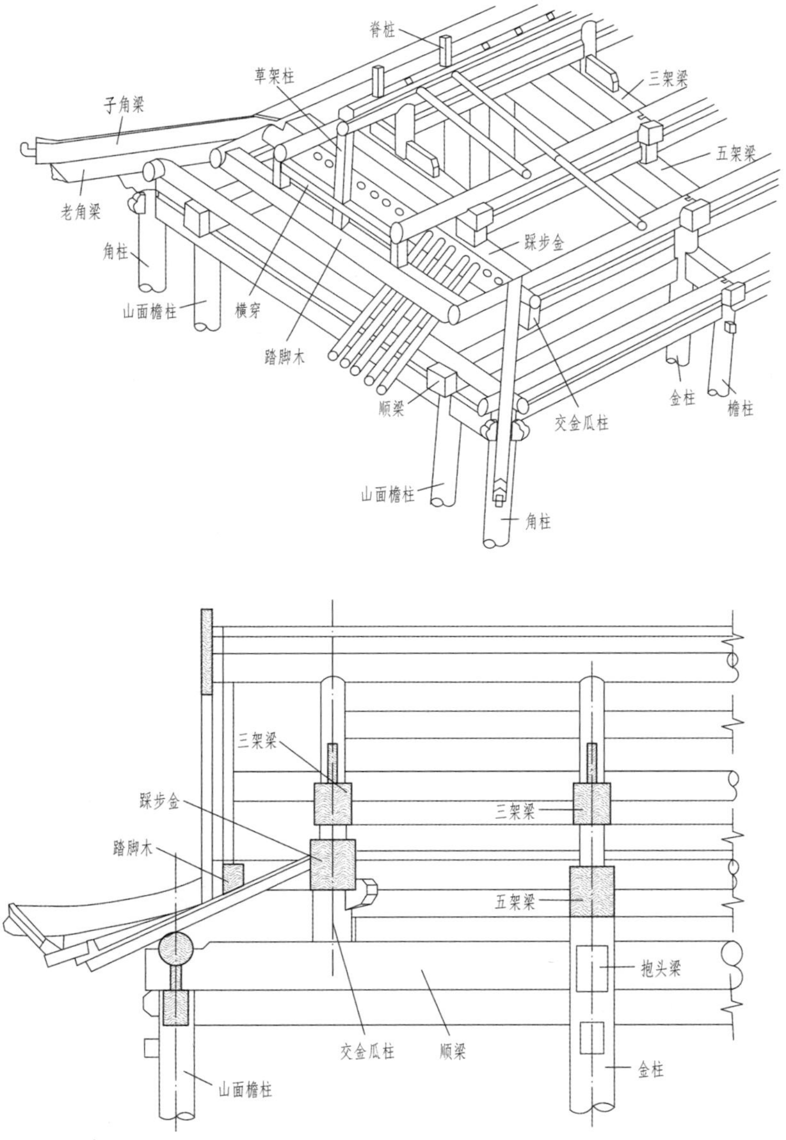

图 3-28　前后廊歇山顺梁法构造

（2）趴梁法

将承接踩步金的顺梁位置提高，则又变为另一种构造形式，即趴梁法。

顺梁原本是在山面檐檩之下，由于位置提高，其外端不是落在山面檐柱的柱头上，而是扣在山面檐檩上，梁底与山面檐檩的立面中心线相平，梁头与檩木结合处做阶梯榫，另一端做燕尾榫与金柱柱头结合。

趴梁在此起着双重作用，它既是承接踩步金的梁架，又是梢间的金檩枋，故也称为“金枋带趴梁”（图 3-29）。

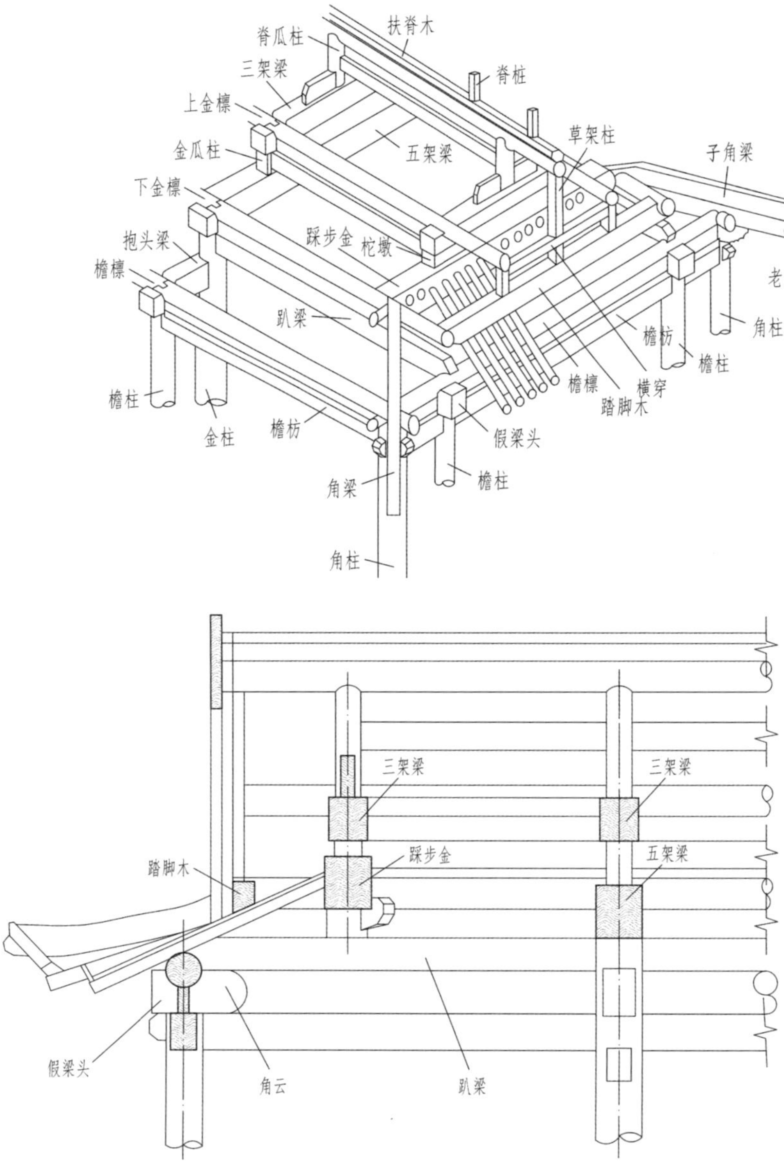

图 3-29　前后廊歇山趴梁法构造

4. 周围廊歇山构造

周围廊歇山正身金柱柱头上承五架梁，梢间金柱柱头同样支撑五架梁，二者在标高、尺度、比例权衡做法上几乎完全相同，不同之处是梢间五架梁的外侧要承接山面檐椽的椽尾，需要剔凿椽窝，故此梁架改名为“踩步梁”。在踩步梁上面安置瓜柱承接其上的梁架，做法与正身梁架完全相同，详见图 3-30。

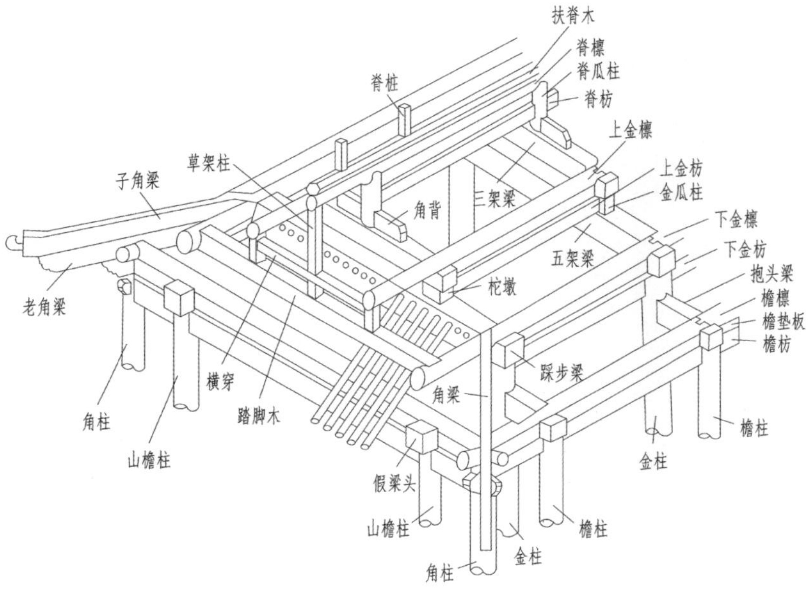

图 3-30　周围廊歇山构造

三、歇山顶建筑收山法

收山是指歇山顶建筑屋顶两侧山花板的外皮自山面檐柱中线向内收进的做法。清代收山的法则为向内收一檩径，一般为 30cm 左右。

清式歇山顶建筑上部悬山部分，檩条从屋架向两山挑出，在檩端钉有博缝板作为防护，同时在博缝板内侧用山花板将整个山面封堵，按此收山法则确定山花板外皮位置。

为了支承上部的檩木出挑并固定山花板，在山面位置增设了草架柱。横向设置的木枋称为横穿，纵向设置的立柱称为草架柱，在山花板与屋面檐椽交界位置设置的梯形木枋称为踏脚木。待山花板位置确定后，博缝板、草架柱、踏脚木、横穿等构件的位置也可确定，这样就可以定出梢檩挑出的长度，详见图 3-31。

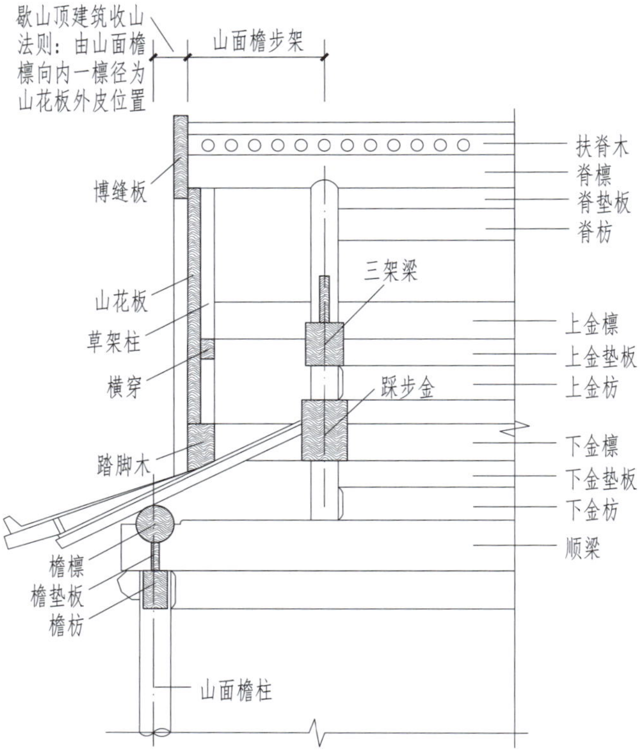

图 3-31　歇山顶建筑收山法

四、翼角构造

在庑殿顶、歇山顶建筑屋顶檐部转角部位，椽子的排列呈翼形展开并向上翘起，如同待飞的鸟翼，故名翼角。清式庑殿顶建筑和歇山顶建筑翼角部位的主要构件有老角梁、子角梁、翼角椽、翘飞椽、枕头木、大连檐和小连檐等。

1. 老角梁、子角梁构造

（1）老角梁长度计算

老角梁长 =（檐步架 + 斗栱出踩 + 檐椽平出 +2 椽径 + 后尾榫长）× 角斜系数

檐椽平出：2/3 上檐出

角斜系数：正方角为 1.5，六方角为 1.26，八方角为 1.2

后尾榫长：扣金做法按 1.5 檩径，插金与压金不再加出榫长

断面尺寸：2×3 椽径（小式），3×4.5 斗口（大式）

（2）子角梁长度计算

子角梁长 =（檐步架 + 斗栱出踩 + 上檐出 +3 椽径）× 角斜系数

角斜系数：正方角为 1.5，六方角为 1.26，八方角为 1.2

断面尺寸：2×3 椽径（小式），3×4.5 斗口（大式）

角梁长度计算如图 3-32 所示。

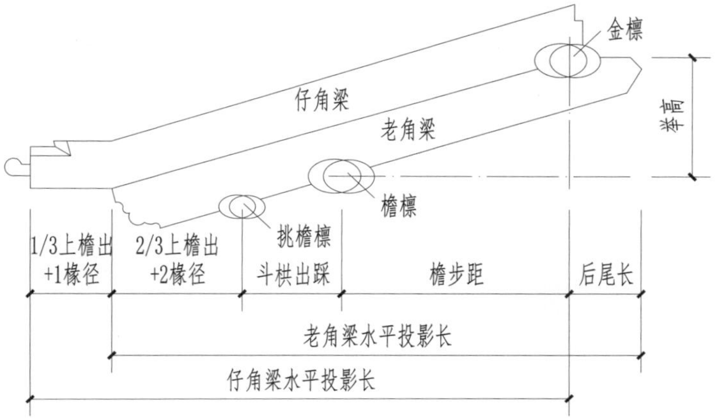

图 3-32　角梁长度计算图示

（3）角梁构造类型

①扣金角梁：老角梁前端搭在搭交檐檩之上，后端在搭交金檩之下，与子角梁一上一下将金檩扣搭在内（图 3-33）。

②压金角梁：常用于小式建筑中一步到顶廊的转角。老角梁前端搭在搭交檐檩之上，后端压在搭交金檩之上，其上部的子角梁后尾砍制成楔形（图 3-34）。

③插金角梁：常用于重檐建筑的下檐转角。老角梁前端搭在搭交檐檩之上，后尾做半榫或透榫插入金柱之内，其上部的子角梁后尾做半榫插入金柱（图 3-35）。

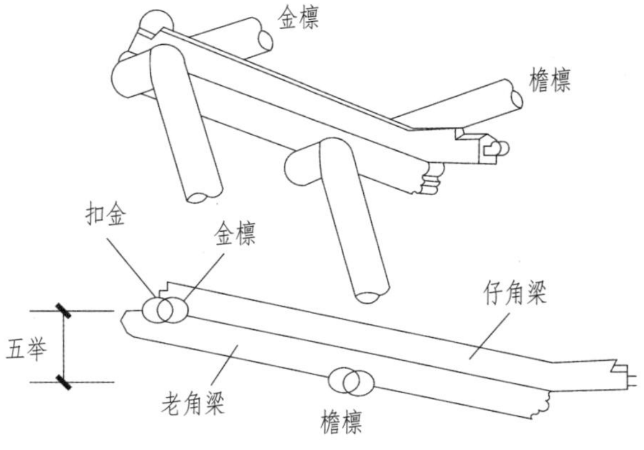

图 3-33　扣金角梁

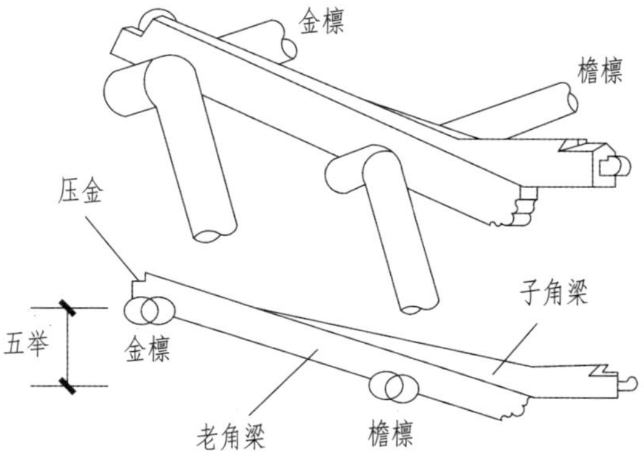

图 3-34　压金角梁

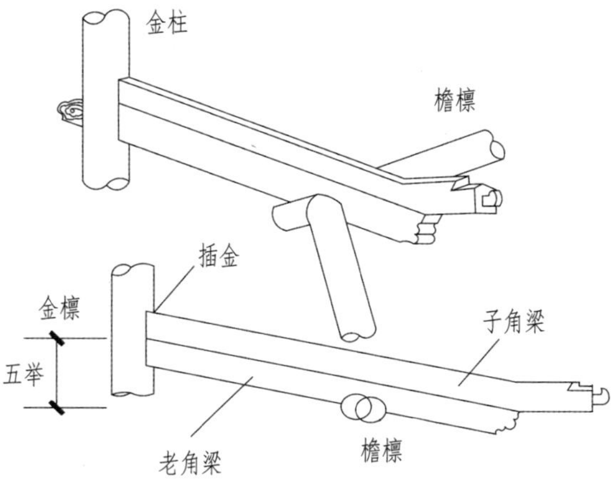

图 3-35　插金角梁

2. 翼角椽与翘飞椽构造

（1）翼角椽构造特征

翼角椽前端以枕头木为支点向外出挑，后尾插在子角梁侧的椽槽中。椽槽的终点（最后一根翼角椽尾端位置）在搭交金檩外金盘线上，椽槽的起点（第一根翼角椽尾端位置）约在老角梁 2/3 长的位置上，具体位置从末一根位置按照 0.8 倍的椽径等距离向前依次排点。

具体排椽的口诀为“方八、六五、八方四”，即翼角为方角时，按照 0.8 倍椽径从终点向前赶排；翼角为六方角时，按照 0.5 倍椽径从终点向前赶排；翼角为八方角时，则按照 0.4 倍椽径从终点向前赶排，详见图 3-36。

①翼角椽长与正身椽长基本相等，其后尾需砍制成楔形。

②翼角椽从最末一根至第一根，与角梁的夹角逐渐减小（2.5°　~ 45°　）。

③从最末一根至第一根，冲出长度越来越大（0 ~ 2 椽径）。

④第一根翼角椽的椽尾在角梁约 2/3 位置上，第二根、第三根……椽尾按 0.8 倍椽径等距离依次后移，最末一根交于搭交金檩的外金盘线上。

⑤金盘平面与小连檐下皮重合，由于角部起翘，小连檐为一曲线，故金盘线存在一定的撇向，在翼角椽头处为 1/3 椽径。

⑥端面与其长身轴线垂直。

⑦数量方面，规模小时取 7 根、9 根、11 根，规模大时取 13 根、15 根、17 根、19 根。

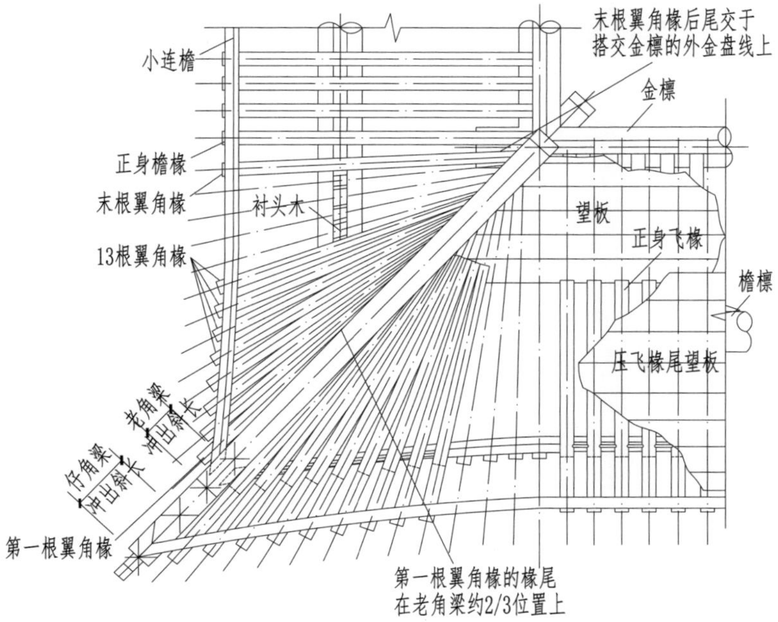

图 3-36 翼角椽构造特征

（2）翘飞椽构造特征

翘飞椽制作时要注意长度、翘度、撇度、翘飞母扭度这 4 个因素的变化（图 3-37）。

①由于子角梁冲出，翘飞椽也随着冲出不断加长（比正身飞椽长）。

②由于角梁翘起，翘飞椽也随之翘起，其上皮线为一条折线。

③正身飞椽椽头为方形，翘飞椽椽头随着起翘的连檐逐渐变化，呈不同的菱形（称为撇度）。

④翘飞椽的扭脖（翘飞母）角度随小连檐冲出曲线角度的变化而改变，而不是像正身飞椽那样与椽头平行。

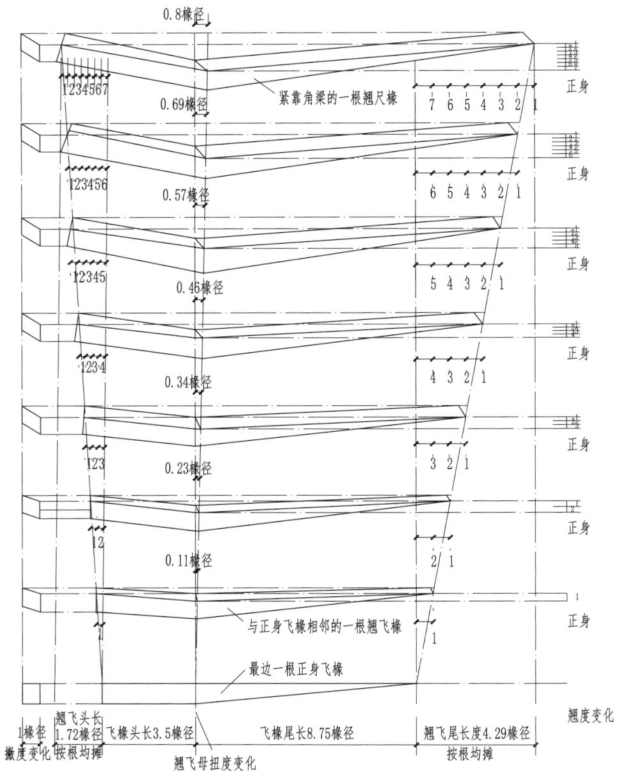

图 3-37　翘飞椽构造特征

（3）翼角的起翘与冲出

翼角起翘冲出的位置是以搭交下金檩的中心线为起点，做出“冲三翘四”的翼角做法（图 3-38）。冲三，指子角梁梁头（不包括套兽榫）的平面位置比正身飞椽的椽头位置向外冲出 3 椽径；翘四，指子角梁梁头上皮（第一根翘飞椽的上皮）比正身飞椽椽头上皮高出约 4 椽径。

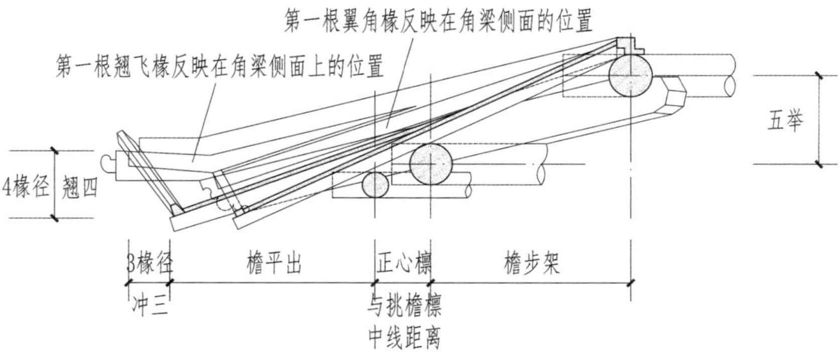

图 3-38　翼角起翘与冲出构造

3. 枕头木、大连檐与小连檐构造

（1）枕头木

将翼角椽逐根垫起，在挑檐檩和正心檩靠近角梁处安放三角形木块，枕头木上边需按照椽径挖出椽窝。

（2）大连檐

指横向钉在飞椽头上将飞椽连成一个整体的梯形断面木料。连檐高与椽径相同，底宽为椽径的 1.1 ~ 1.2 倍。

（3）小连檐

指钉在檐椽椽头上将檐椽连成一个整体横向的木板。小连檐厚与望板相同，宽与椽径相同（图 3-39）。

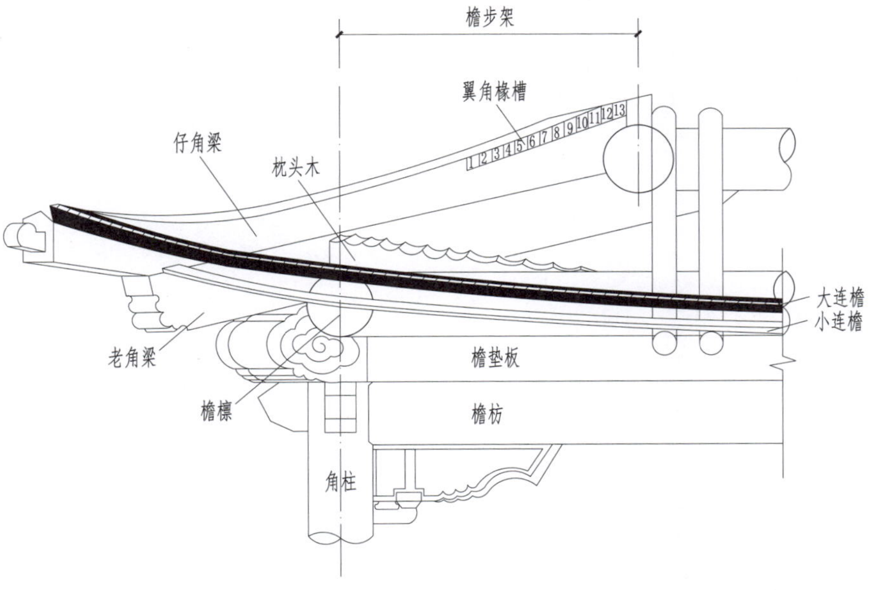

图 3-39　枕头木、大连檐、小连檐构造

第四节 钢筋混凝土结构施工

一、钢筋混凝土构架特征

钢筋混凝土结构是仿古建筑普遍采用的一种构架体系，称为“预制与现浇结合”体系，即古建筑特征部分（如斗、栱、升、替木、椽子等）为装饰性构件，采用钢筋混凝土预制形式；其他主体结构部分（如柱、梁、板等）为承力构件，采用钢筋混凝土现浇形式，二者之间采取焊接或锚接连接。详见图 3-40。

图 3-40　钢筋混凝土构架名称及位置示意

二、工艺流程

流程按照“先完成主体框架施工，后在主体框架上分层安装预制构件”的方法进行。

预制构件焊接工艺流程：在主体框架上弹设控制线（通线、竖线、平线）→金属预埋件表面清理及检查→构件依次点焊固定→局部及整体检查、校正→对称整体满焊固定→焊缝处理及构件表面修补→涂刷面漆。

三、主体框架施工工艺

1. 定位放线

仿古建筑中柱顶处梁、枋集中，相互重叠遮挡，用圆柱轴线直接测放顶部短柱轴线较困难，可以采用激光铅垂仪（图 3-41）进行竖向十字控制点的传递。

短柱轴线可以将结构板面上纵横主轴线外放 0.5 ～ 1m，用吊线锤引测至梁、枋处做好标记，此轴线将作为安装柱顶模板及钢套筒的定位控制线。

2. 施工放样

对于柱、梁、檩、枋，应按照设计图纸进行 1 ∶ 1 放样，特别是异型结构的梁、枋，应采用 CAD 放样控制技术进行分析和研究，保证放样准确（图 3-42）。

图 3-41　激光铅垂仪

图 3-42　施工放样

3. 钢筋制作与安装

（1）柱钢筋制作与安装

在柱脚焊接十字定位筋后立柱子主筋，柱与梁、枋连接处的梁、枋钢筋应锚固在柱内。柱顶与檩连接处柱钢筋应锚固在檩内，锚固长度应符合国家规范要求。混凝土圆柱箍筋一般采用螺旋箍筋。

（2）梁、檩、枋钢筋制作与安装

梁、檩、枋底模板安装完成后方可进行钢筋施工。

绑扎顺序：先绑扎主梁、屋面斜梁钢筋，再绑扎次梁、檩、枋钢筋。

主筋安装时先穿主梁的下部纵向钢筋及弯起钢筋，并套好箍筋摆放主次梁的架立筋，将主筋与箍筋绑扎牢固，主次梁同时进行。绑扎梁上部纵向筋的箍筋宜用套扣法绑扎。

钢筋绑扎完成后，梁下均应垫置垫块，保证构件混凝土保护层厚度。受力筋为双排时，可用短钢筋垫在两层钢筋之间。

4. 模板制作与安装

（1）柱模板制作与安装

混凝土柱模板分为圆柱正身段模板、圆柱顶段模板、圆柱斗栱段模板和方形柱模板。

①圆柱正身段模板：圆柱正身段模板一般采用定型钢模板和定型木模板（图 3-43、图 3-44）。

图 3-43　定型钢模板

图 3-44　定型木模板

钢模板安装前需根据测出的纵横主轴线和圆柱十字轴线，在结构板面上弹放模板矩形控制线。

木模板安装时，将两块定制的半圆形板拼在一起，柱脚模板紧靠十字定位筋，用 30mm 宽镀锌铁皮将柱身箍紧，铁皮顶端螺栓拧紧，镀锌铁皮每400mm间距一道。模板接缝处应严密，上下两段模板接缝处加设一道铁箍。

②圆柱顶段模板：仿古建筑圆柱顶段与梁、枋连接处节点较多，需裁出梁、枋的截面，此处采用 PVC 管模进行施工。

根据柱子高度、直径选好 PVC 管料，用锯子割开分成两半，两块相同的圆模组成一套圆柱模板。模板接缝处用 2 根 L40 角钢固定，角钢上钻 Φ12 圆孔，间距 300mm，用卡具将角钢扣紧。柱身用 3mm 厚、20mm 宽钢板带箍紧，保证柱不变形。

③圆柱斗栱段模板：圆柱顶至檐檩这段高度需要安装大量的预制斗栱，可采用 8mm 厚钢套筒进行焊接施工。

圆柱钢套筒根据斗栱处柱模尺寸专门加工制作，有圆筒形的，也有半圆形的（图 3-45）。钢套筒内部焊接锚固钢筋，并将锚固钢筋锚入柱子里。

钢套筒前期作为混凝土圆柱的模板，后期作为焊接预制斗栱的预埋件，将预制斗栱焊接在钢套筒上。钢套筒在安装固定时应复核其标高及中轴线位置，在斗栱等预制构件全部安装完毕后，最后刷一道防腐油漆。

图 3-45　圆柱特制钢套筒模具

④方形柱模板施工：方形柱模板可采用覆膜木质胶合板制作。将制作完毕的模板运至安装位置，按照放线尺寸拼接在一起，模板底紧靠十字定位筋，模板外用 60mm × 80mm 方木作为龙骨，间距 50mm。柱中用 Φ12 对拉螺杆固定，对拉螺杆沿柱高方向设置。

（2）梁模板施工

仿古建筑梁主要分为矩形（方形）梁和异型梁两类。矩形梁模板施工和普通钢筋混凝土梁模板施工方法无异，即根据梁的尺寸大小制好木质模板，然后定位放线，在脚手架上安装，在模板外侧钉上方木，用钢管固定。当梁高度较大时，在梁内加 Φ12 对拉螺杆，对拉螺杆沿梁长度方向布置。

角梁、月牙梁等异型梁可按照下列方法进行模板施工：

①首先进行 1 ：1 实物放样：在平整的地面放上覆膜木质胶合板，根据设计尺寸分别弹出梁底板和侧板的模板边线，然后再根据模板边线制作出梁底模和侧模。

②当梁头或梁身有特殊造型时，将预制好的造型胎体安装在梁底板或侧板上，并在制作完毕的模板上刷脱模剂。

③在脚手架上搭设梁支撑横杆：调节横杆确定梁高，铺设梁底模板，在底模两侧安装扣件将其固定，防止底模移位。最后安装梁侧模板，模板接缝处应密封严实。

④梁模板底部和侧面用方木做龙骨：梁侧模板用 Φ48 钢管固定，以防止模板变形，梁顶用卡具卡牢固定。

（3）檩、枋模板施工

枋和垫板可采用覆膜木质胶合板，檩可采用定制圆形覆膜木质胶合板。

制作模板时，应确定枋、檩及垫板的高度和长度，裁取模板，并组合到一起（图 3-46）。垫板侧模外加方木内衬用铁钉钉牢，檩模板外侧加木楔将之固定，用铁钉钉牢，防止移位。檩上留 60 ~ 80mm 宽混凝土浇筑口。模板制作好后编号分类码放。

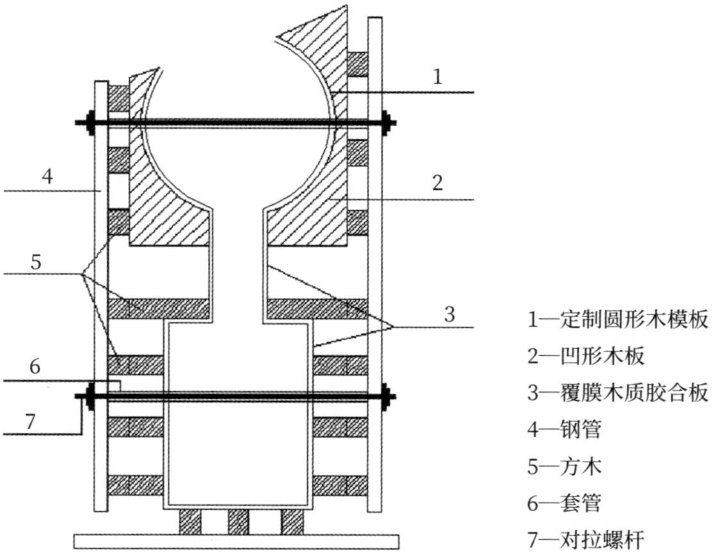

图 3-46　枋、檩组合木模板支设示意

檩、枋模板安装时，可采用 60mm × 80mm 方木作为龙骨，并以 Φ48 钢管在龙骨外侧将其固定。当枋、檩模板高度大于 700mm 时，在枋和檩中部用 Φ12 对拉螺杆紧固。

5. 混凝土浇筑

仿古建筑柱子浇筑混凝土前，先在柱模内浇灌与混凝土相同强度的砂浆或细石混凝土，防止柱子烂根。当柱高超过 2.5m 时，应用串桶或在模板侧面开门子洞安装斜溜槽分层浇筑。待混凝土浇筑完成后，将门子洞模板封闭严实，并用铁箍箍牢。

梁、檩、枋内钢筋密集，构件空间较小，宜选用骨料较小的高强混凝土浇筑。浇筑时宜使用小型插入式振捣器进行振捣，但要注意不得触动钢筋和预埋钢套筒。

6. 混凝土养护

成型混凝土要注意及时养护，拆模以后在表面包裹塑料薄膜，防止水分流失。同时注意浇水养护，常温时每日养护时间不少于 7h，以防止混凝土表面产生干缩裂缝。

第五节 构架钢结构施工

一、钢结构构架特征

钢结构自重轻、跨度大、强度高、抗震性能好，具有可循环利用、建造和拆除方便、建设周期短等特点，主要有柱、梁、枋、檩等构件。

①柱：仿古建筑中外露柱截面多为圆形，采用圆钢管，不露明柱采用 H 型钢或矩形钢。柱础采用钢筋混凝土基础，钢柱与柱础之间采用预埋螺栓连接。

②梁、枋：梁、枋多采用 H 型钢或矩形钢。

③檩：檩条多采用圆形钢或 C 型钢。

二、施工工艺流程

1. 定位放线

采用 GPS、全站仪、经纬仪、水准仪等对建筑物、轴线和标高进行放线控制。

2. 埋置预埋锚栓

混凝土柱础钢筋及模板施工完成后，开始埋置预埋锚栓。

用薄钢板制作定位板，依据锚栓间距在相应位置开孔，孔径要略大于锚栓直径。

根据定好的轴线及标高放置锚栓定位板，将锚栓依次从板孔中插入，定位复核后将锚栓与柱础钢筋焊接牢固。详见图 3-47。

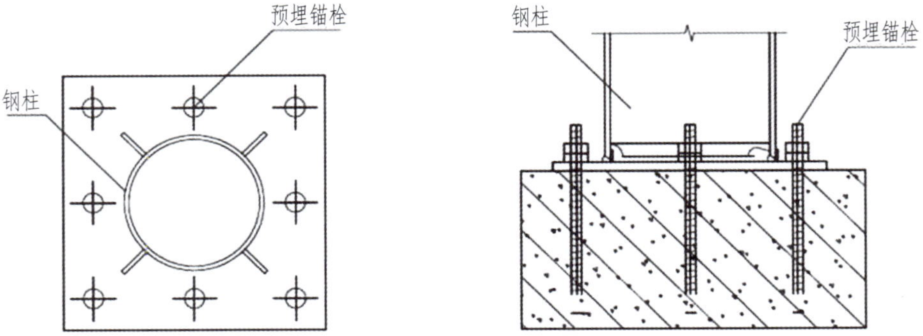

柱脚节点平面图　　柱脚节点立面图

图 3-47　柱脚预埋铁件示意

3. 钢构件制作

仿古建筑钢结构比较复杂，一般采用 BIM 技术建立模型，进行图纸深化设计，确定构件的准确位置与尺寸，再委托厂家加工。加工好的构件应编号进场，有条件时优先采用二维码进行编号，明确构件相关参数。

（1）柱子的制作

钢结构柱子收分加工难度大。梭柱加工一般用钢管开口，或用钢板机卷制而成。

（2）梁、枋、檩的制作

根据细化设计图纸进行加工。

（3）连接件的制作

钢构件的连接分为高强度螺栓连接、栓焊连接、焊接三种，根据连接形式进行连接件的制作（图 3-48）。

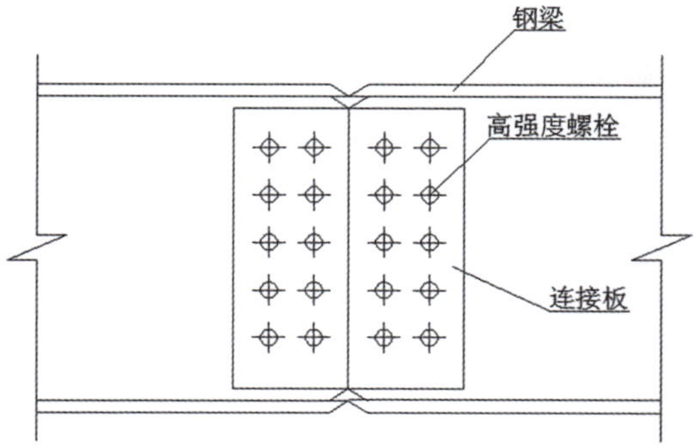

钢梁高强度螺栓连接

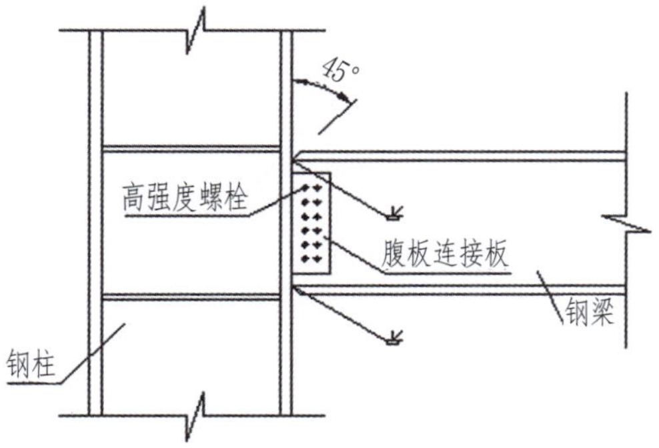

梁柱栓焊连接

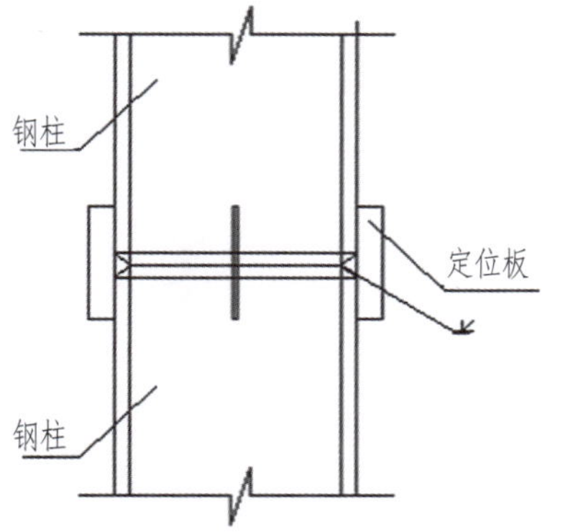

钢柱焊接连接

图 3-48　梁柱连接示意

4. 钢构件安装

（1）柱子的安装

①根据钢柱重量、长度、起重设备回转半径及现场施工条件选取合适的吊装设备。

②对预埋锚栓进行复核，确定位置后安装定位螺帽，控制柱底标高。

③吊装进行柱子对孔就位，调整定位螺帽高度，控制柱子标高和垂直度。确定无误后拧紧螺帽，电焊固定。

（2）梁、檩、枋的安装

①安装前需将两端的钢垫板标出中心位置。

②安装时采用牵绳等措施，以防碰撞钢柱。

③安装完毕后对构件标高进行复核，确定位置后紧固螺栓或焊接固定。

5. 连接节点检测

钢构架安装完毕后，应根据古建筑的设计等级、耐久年限，按照现行规范要求，对高强度螺栓及焊缝的施工质量进行检测，并对梁架结构焊接进行探伤检测。

第四章

斗栱构造与施工

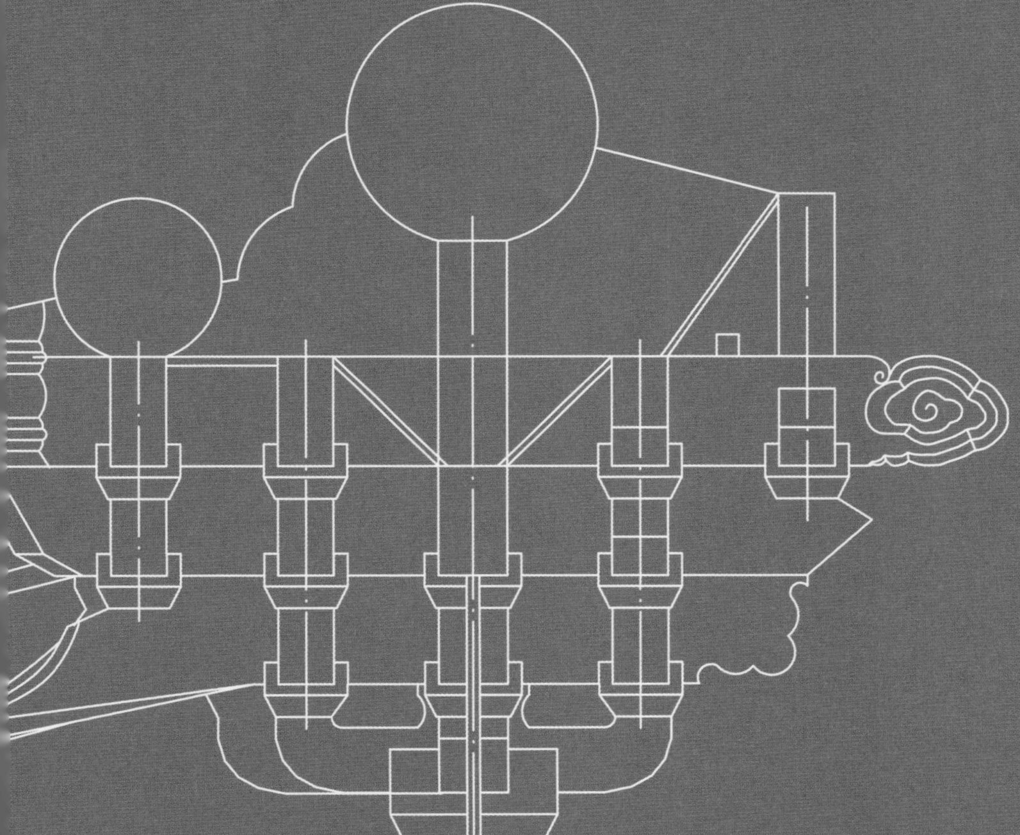

第一节 清式斗栱

一、清式斗栱基本构造

1. 清代“斗口制”

斗口又称“口份”或“口数”。据清《工程做法则例》中所述，“斗口制”可分为十一个等级，以头等材为 6 寸开头，以后每个等级减少 0.5 寸，即二等材 5.5 寸、三等材 5 寸、四等材 4.5 寸，直至十一等材 1 寸（图 4-1、表 4-1）。

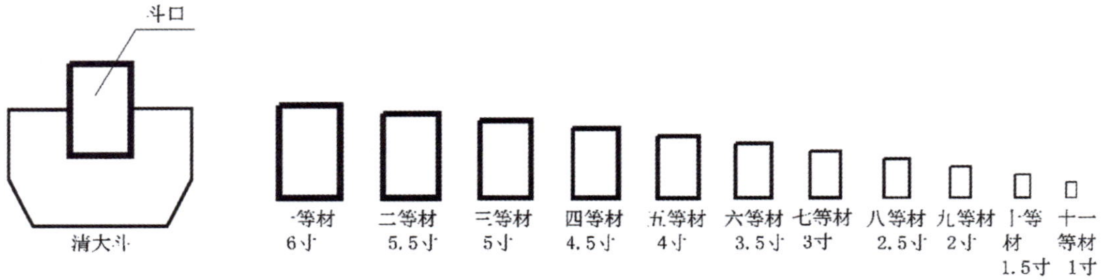

图 4-1　斗口等级示意

表 4-1　斗口制尺寸

斗口等级	营造尺	公制尺寸	斗口等级	营造尺	公制尺寸	斗口等级	营造尺	公制尺寸
一等材	6 寸	19.20cm	五等材	4 寸	12.80cm	九等材	2 寸	6.40cm
二等材	5.5 寸	17.60cm	六等材	3.5 寸	11.20cm	十等材	1.5 寸	4.80cm
三等材	5 寸	16.00cm	七等材	3 寸	9.60cm	十一等材	1 寸	3.20cm
四等材	4.5 寸	14.40cm	八等材	2.5 寸	8.00cm	—	—	—

注：实际使用中，一般采用四等材以下，如城阙角楼，最大用到四、五等材；平地房屋最大不超过七、八等材；垂花门、亭类建筑多用十一等材。

2. 斗、升

（1）斗

斗，又称大斗、坐斗，是斗栱第一层构件。清式大斗分平身科、柱头科、角科三种（图4-2）。

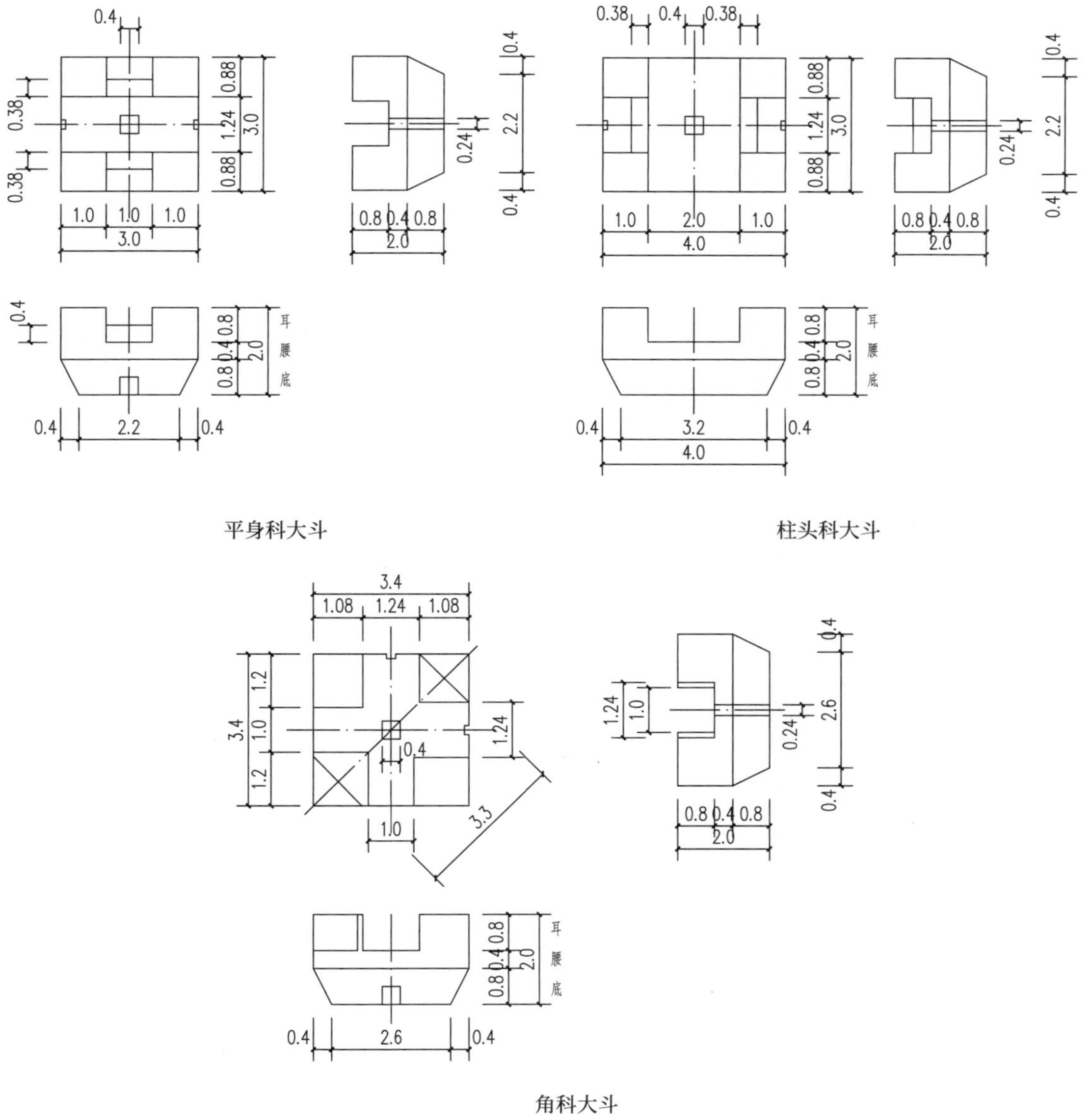

图 4-2　清式大斗构造（单位：斗口）

①平身科大斗：长、宽均为 3 斗口，头翘刻口尺寸为 1 斗口，正心瓜栱刻口 1.24 斗口。

②柱头科大斗：长 4 斗口，宽 3 斗口，因为柱头科上承桃尖梁，头翘刻口尺寸加大为 2 斗口，正心瓜栱刻口 1.24 斗口。

③角科大斗：长、宽均为 3.4 斗口，正心瓜栱刻口 1.24 斗口，斜翘刻口 1.5 斗口。

所有斗件的高度均为 2 斗口。斗件由斗耳、斗腰、斗底三部分组成，分别为 0.8 斗口、0.4 斗口、0.8 斗口。斗底为方锥台，每边向内斜收 0.4 斗口。

（2）升

清式的升件有十八斗、槽升子和三才升三种（图 4-3）。

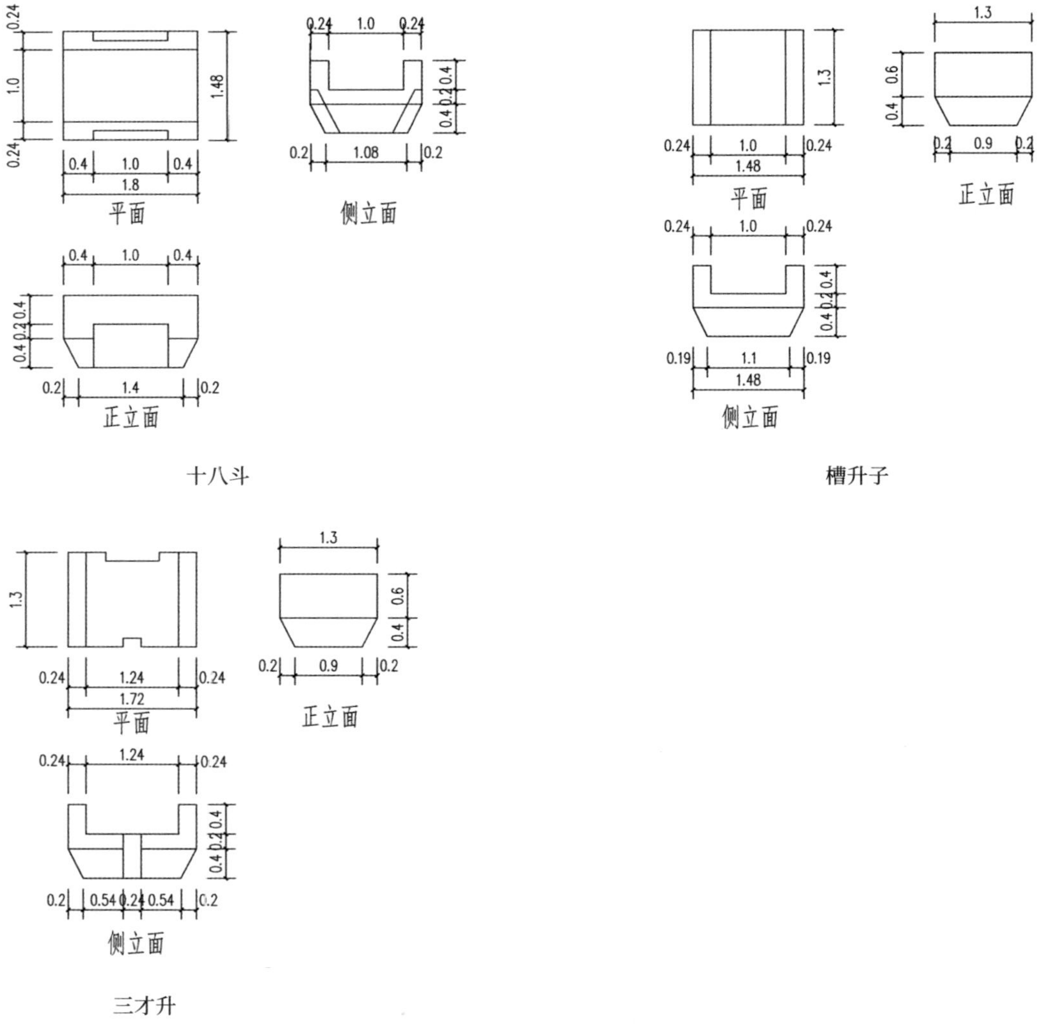

图 4-3　清式升构造（单位：斗口）

①十八斗：位于翘、昂上的升称为十八斗。平身科十八斗尺寸为：1.8 斗口 ×1.48 斗口；柱头科十八斗，其宽度一般比上承昂、翘宽每边增出 0.24 斗口。

②槽升子：位于正心瓜栱和正心万栱上的升称为槽升子。槽升子尺寸为：1.3 斗口 ×1.72 斗口。

③三才升：位于里外横栱两端的升称为三才升。三才升尺寸为：1.3 斗口 ×1.48 斗口。

所有升件的高度均为 1 斗口。升件由升耳、腰、底三部分组成，分别为 0.4 斗口、0.2 斗口、0.4 斗口。斗底为方锥台，每边向内斜收 0.2 斗口。

3. 栱

清式栱分为正心横栱、内外拽栱和厢栱三种（图 4-4）。

（1）正心横栱

正心横栱均为足材栱，位于柱子中心上，分正心瓜栱和正心万栱。

正心瓜栱：6.2 斗口 ×1.24 斗口 ×2 斗口（长 × 厚 × 高）。

正心万栱：9.2 斗口 ×1.24 斗口 ×2 斗口（长 × 厚 × 高）。

（2）内外拽栱

内外拽栱均为单材栱，是位于内外拽架上的横栱，分单材瓜栱和单材万栱。

单材瓜栱：6.2 斗口 ×1 斗口 ×1.4 斗口（长 × 厚 × 高）。

单材万栱：9.2 斗口 ×1 斗口 ×1.4 斗口（长 × 厚 × 高）。

（3）厢栱

厢栱为单材栱，是位于内外拽架最外一层的横栱。

厢栱：7.2 斗口 ×1 斗口 ×1.4 斗口（长 × 厚 × 高）。

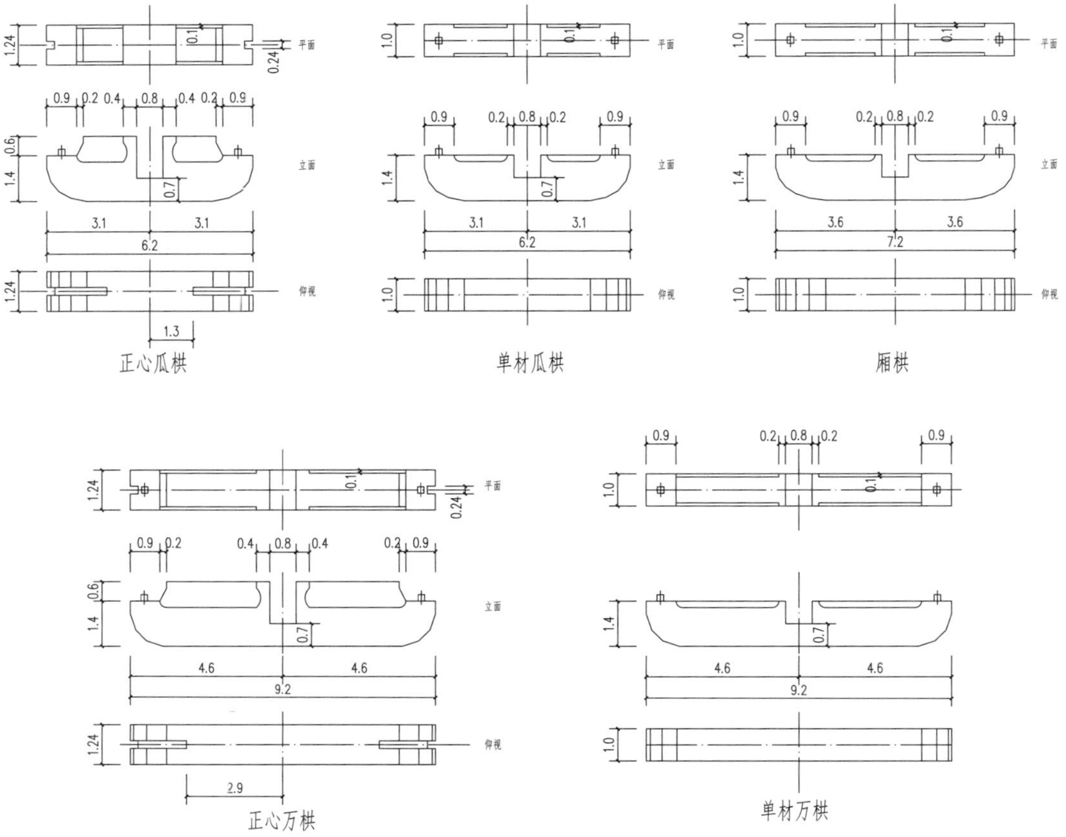

图 4-4　清式栱构造（单位：斗口）

4. 翘、昂

（1）翘

翘是位于纵深方向向外出挑的构件，根据出挑的层数分为头翘、二翘、三翘和四翘。

①平身科翘：头翘，7.1 斗口 ×1 斗口 ×2 斗口（长 × 厚 × 高）；二翘，13.1 斗口 ×1 斗口 ×2 斗口（比单翘两侧各增加 3 斗口）。

②柱头科翘：头翘，7.1 斗口 ×2 斗口 × 2 斗口（长 × 厚 × 高）。

③角科翘：斜头翘厚度为 1.5 斗口，老角梁厚为 2.8 斗口。

(2) 昂

昂是位于翘之上的水平构件，昂尖有象鼻昂、云卷头昂，昂尾有菊花头、翘头等类型。

清式翘、昂构造见图 4-5。

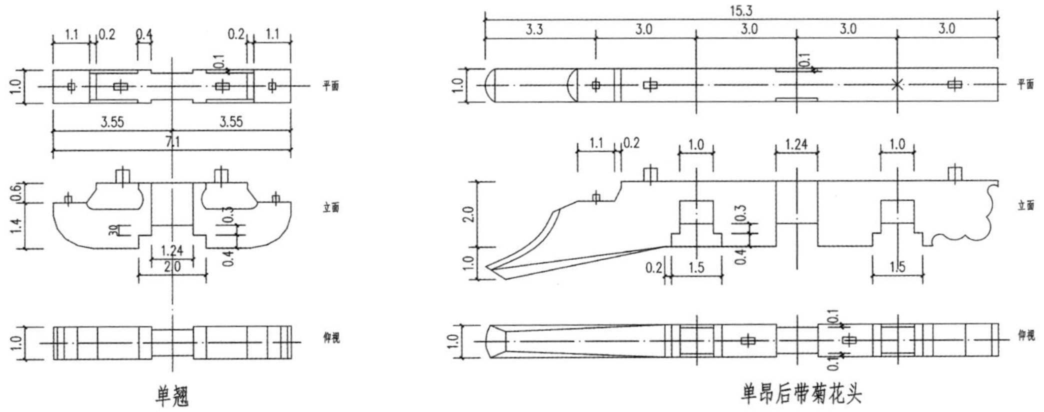

图 4-5　清式翘、昂构造（单位：斗口）

5. 附属构件

(1) 耍头木

耍头木是平身科斗栱在昂之上的纵向联系构件，从厢栱中心线外出 3 斗口定位，端头砍制呈蚂蚱头，后尾若在菊花头之上，砍制为六分头，若在翘头之上砍制为麻叶头（图 4-6）。耍头木为足材构件，断面尺寸为 1 斗口 ×2 斗口。

(2) 撑头木

撑头木是平身科斗栱最上一层的纵向联系构件，前部不出头，后部做成麻叶头（图 4-7）。撑头木为足材构件，断面尺寸为 1 斗口 ×2 斗口。

（3）檩椀

檩椀是指斗栱与檩桁之间的垫木，按照檩桁的直径砍出椀口，一般挑檐桁直径 3 斗口，正心桁直径 4.5 斗口（图 4-8）。

（4）斗栱枋

斗栱枋是指斗栱之间的横向联系构件。

①正心枋：每层枋材 1.24 斗口 ×2 斗口（厚 × 高），最上一层枋材需经计算确定。

②里外拽枋：枋材 1 斗口 ×2 斗口（厚 × 高）。

③挑檐枋：枋材 1 斗口 ×2 斗口（厚 × 高）。

④井口枋：枋材 1 斗口 ×3 斗口（厚 × 高）。

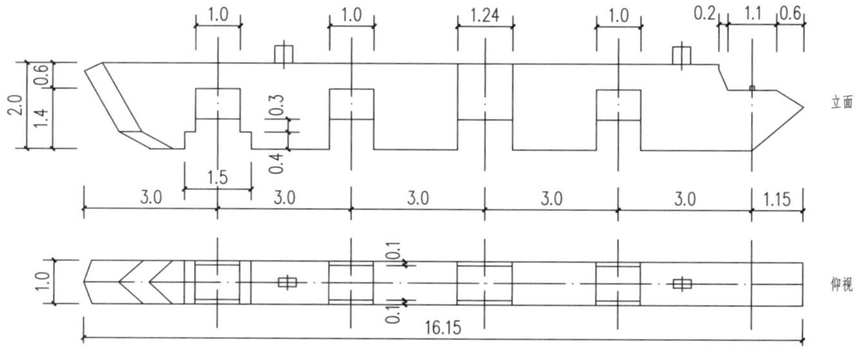

图 4-6　耍头木（蚂蚱头后带六分头）（单位：斗口）

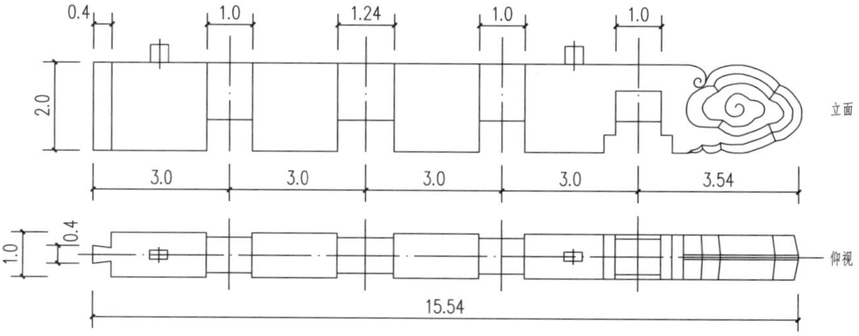

图 4-7　撑头木后带麻叶头（单位：斗口）

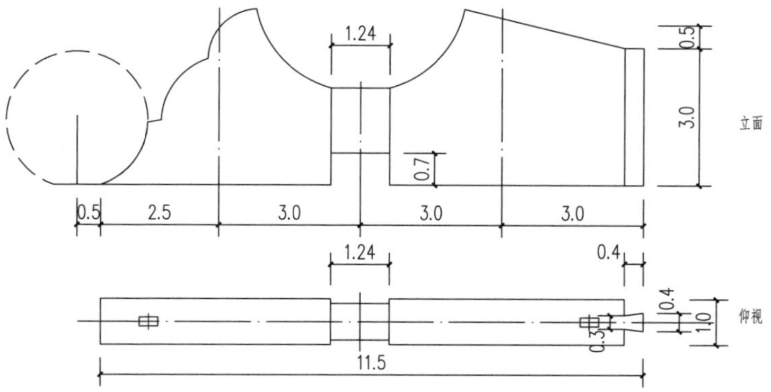

图 4-8　檩椀（单位：斗口）

二、清式斗栱分类

1. 不出踩斗栱

清式不出踩斗栱主要有一斗三升栱、一斗二升交麻叶栱、单栱单翘交麻叶栱、重栱单翘交麻叶栱四种（图 4-9 至图 4-12）。

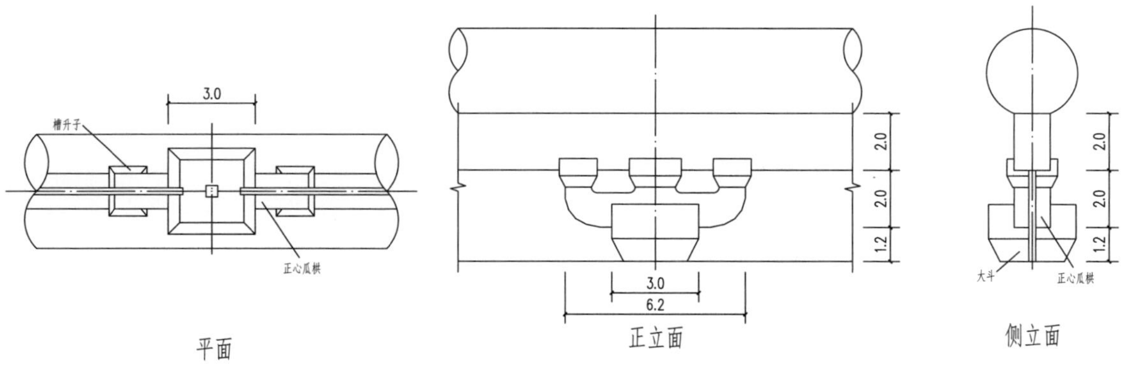

图 4-9　一斗三升栱（单位：斗口）

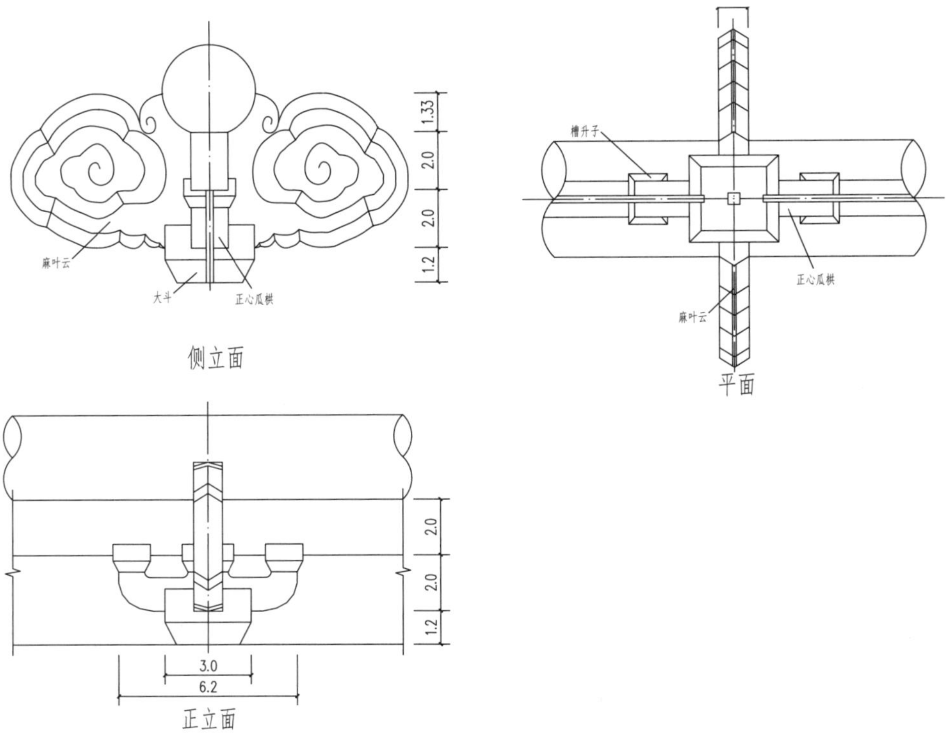

图 4-10　一斗二升交麻叶栱（单位：斗口）

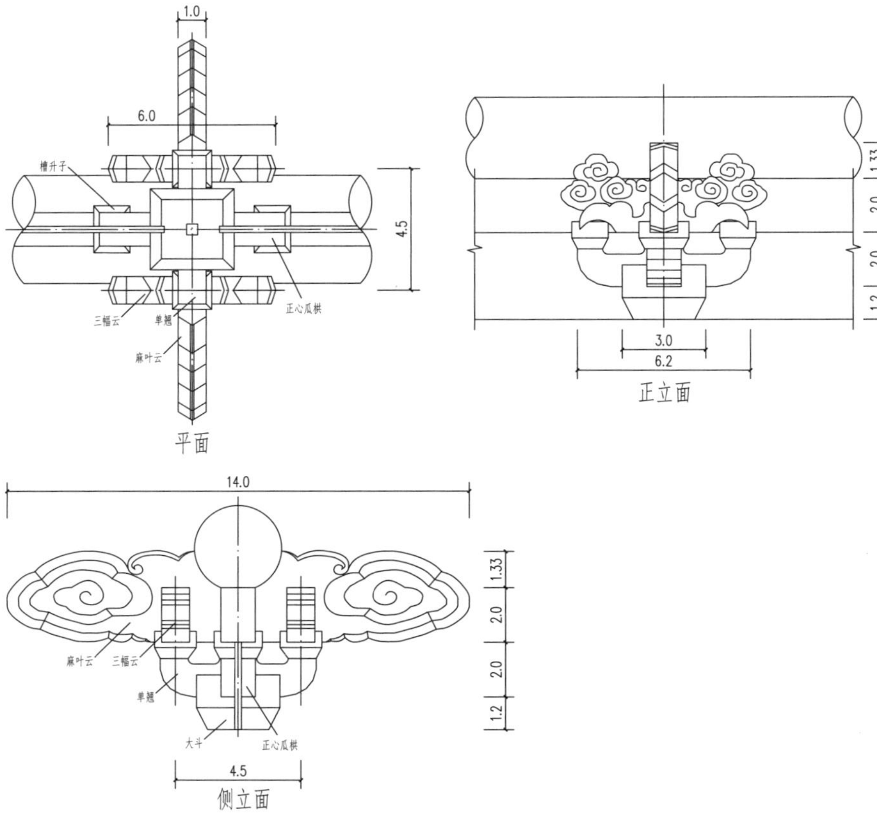

图 4-11　单栱单翘交麻叶栱（单位：斗口）

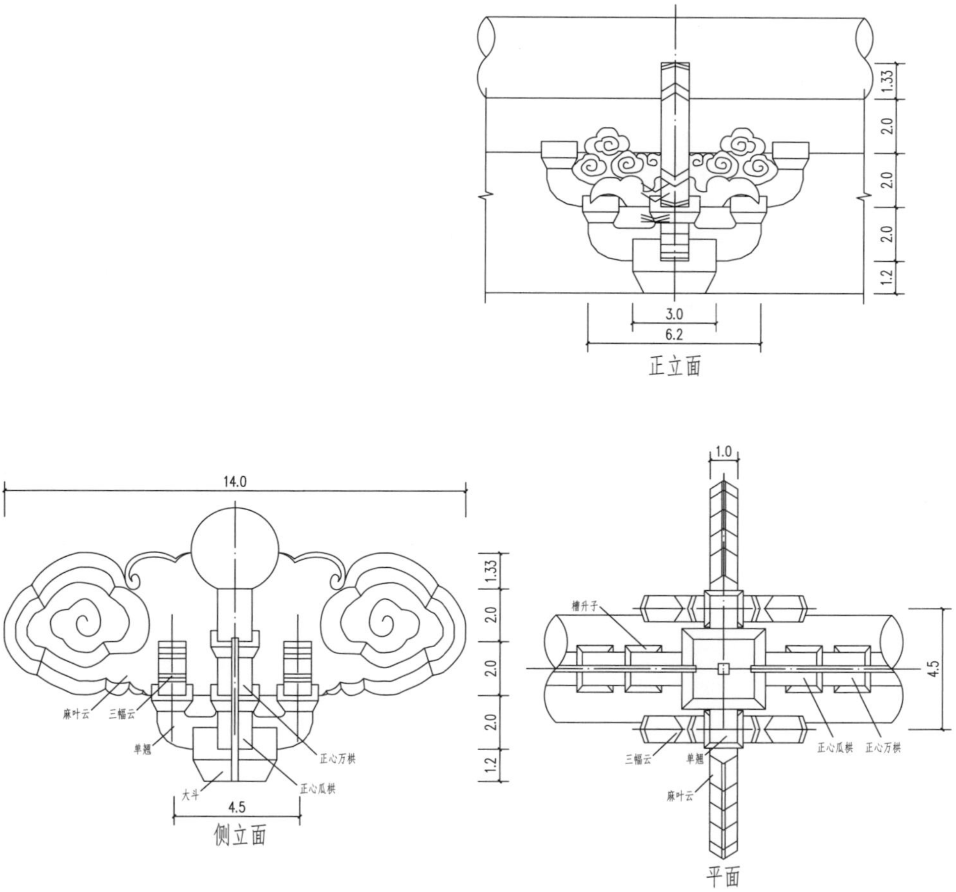

图 4-12 重栱单翘交麻叶栱（单位：斗口）

2. 出踩斗栱

清式出踩斗栱主要有单昂斗栱（三踩）、单翘单昂斗栱（五踩）、重昂斗栱（五踩）、单翘重昂斗栱（七踩）、单翘三昂斗栱（九踩）、重翘重昂斗栱（九踩）、重翘三昂斗栱（十一踩）、三踩单翘品字科斗栱、五踩重翘品字科斗栱、七踩三翘品字科斗栱、九踩四翘品字科斗栱、十一踩五翘品字科斗栱等多种（图 4-13 至图 4-24）。

出踩数与斗栱挑出的拽架数关系：出踩数 = 2 倍拽架数 + 1。

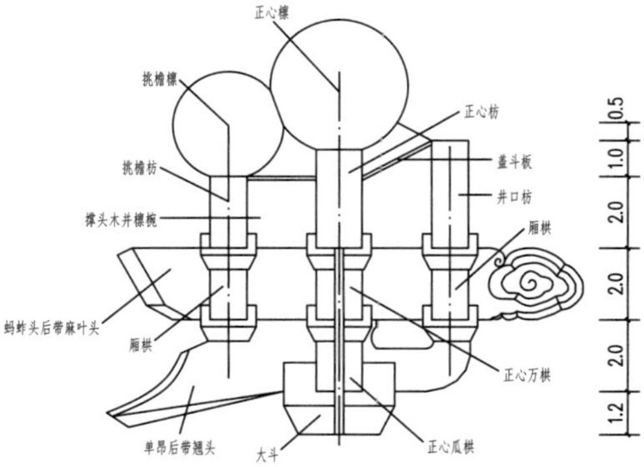

图 4-13　单昂斗栱（三踩）（单位：斗口）

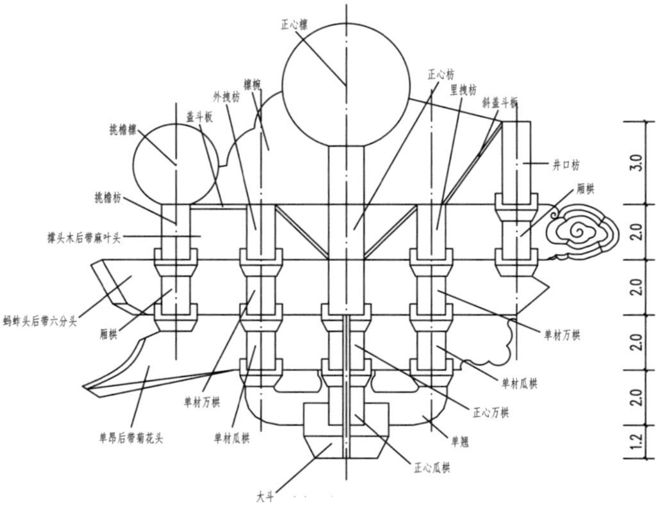

图 4-14　单翘单昂斗栱（五踩）（单位：斗口）

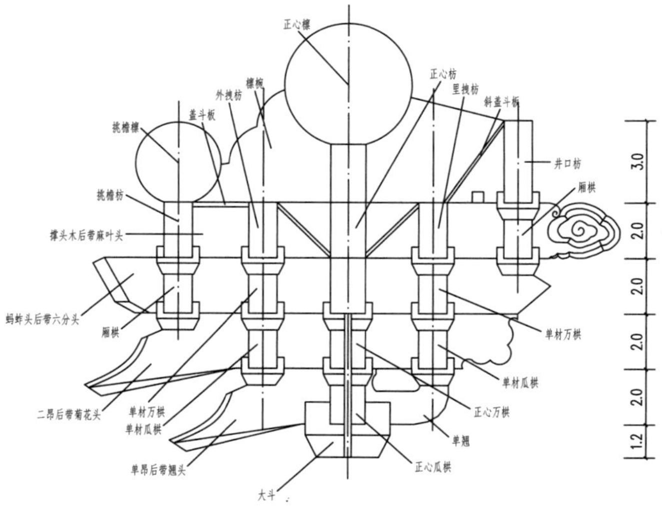

图 4-15　重昂斗栱（五踩）（单位：斗口）

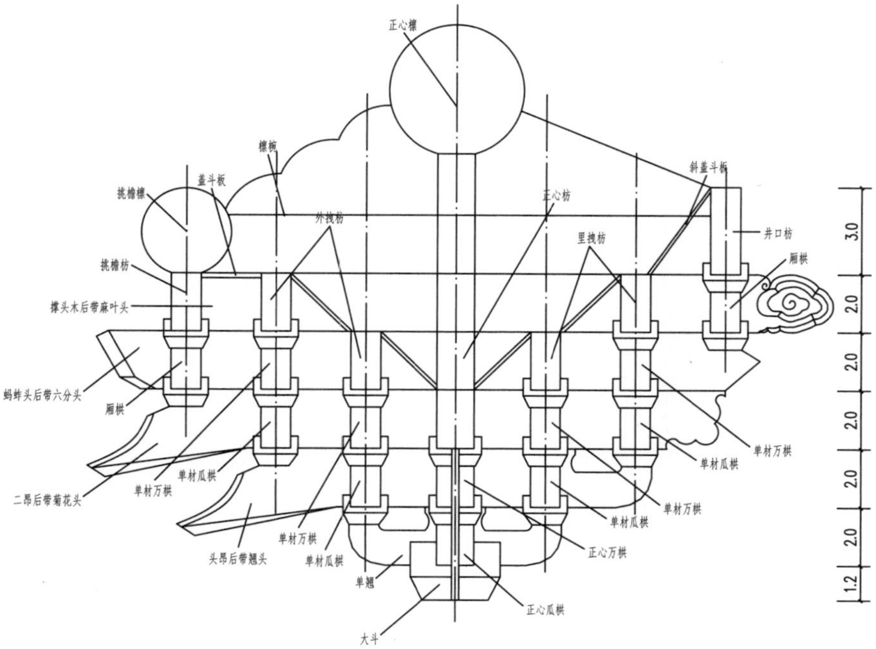

图 4-16　单翘重昂斗栱（七踩）（单位：斗口）

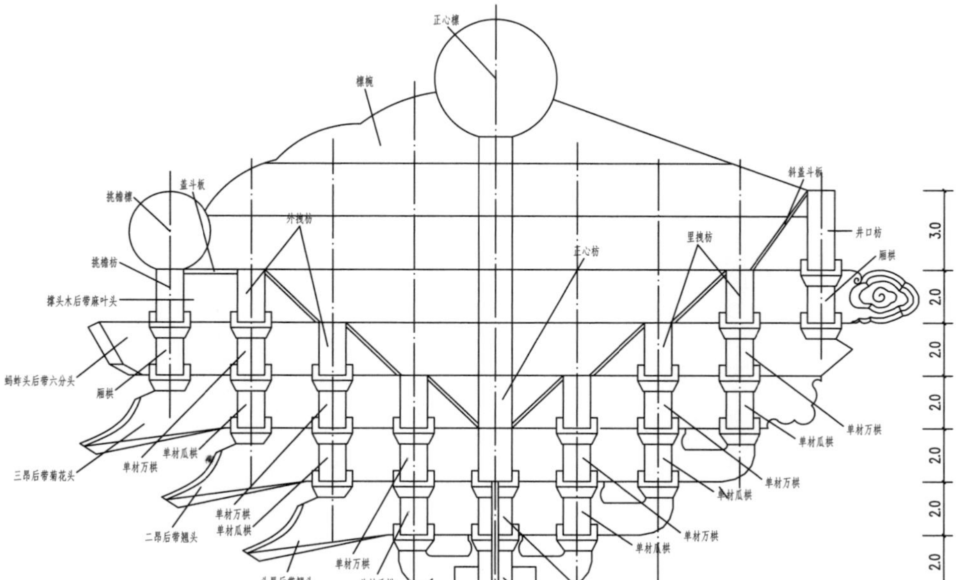

图 4-17　单翘三昂斗栱（九踩）（单位：斗口）

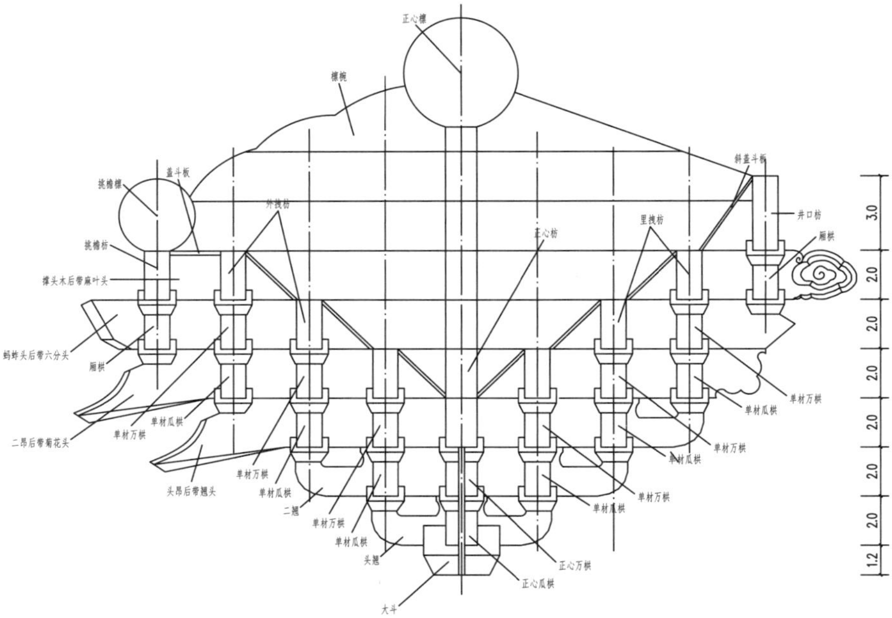

图 4-18　重翘重昂斗栱（九踩）（单位：斗口）

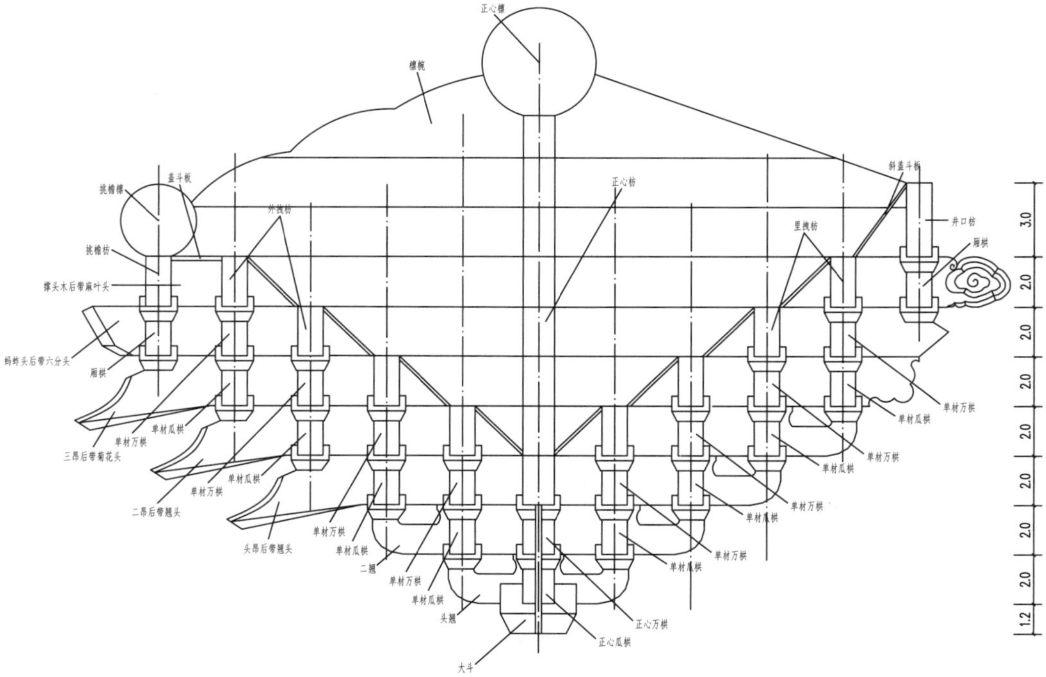

图 4-19　重翘三昂斗栱（十一踩）（单位：斗口）

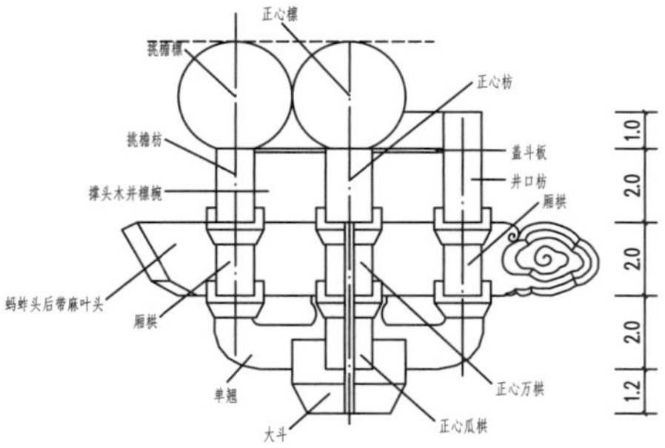

图 4-20　三踩单翘品字科斗栱（单位：斗口）

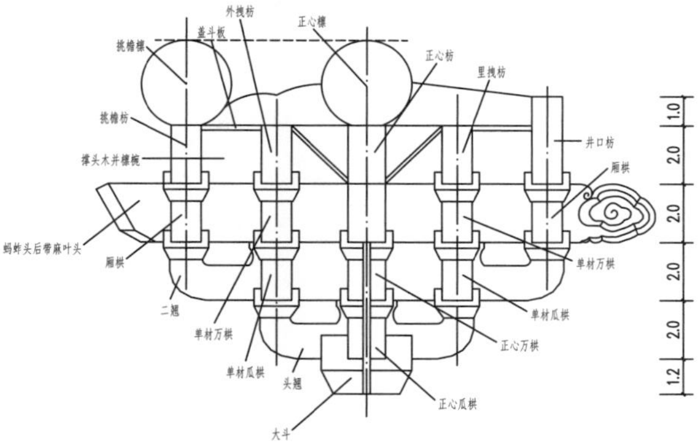

图 4-21　五踩重翘品字科斗栱（单位：斗口）

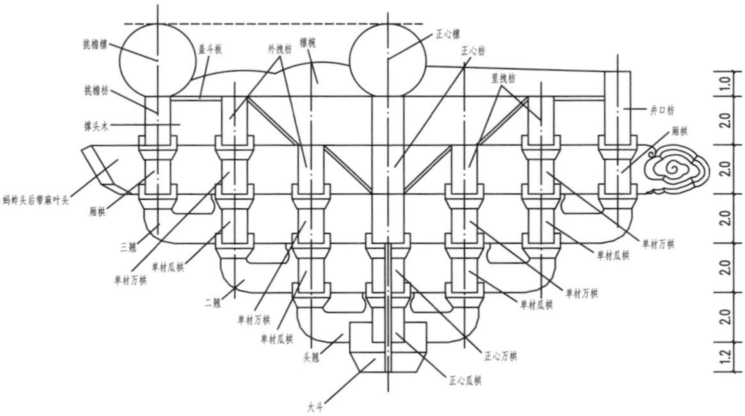

图 4-22　七踩三翘品字科斗栱（单位：斗口）

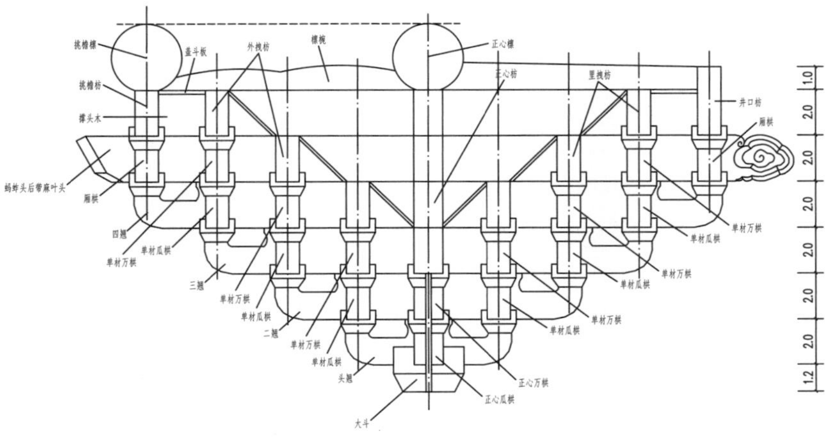

图 4-23　九踩四翘品字科斗栱（单位：斗口）

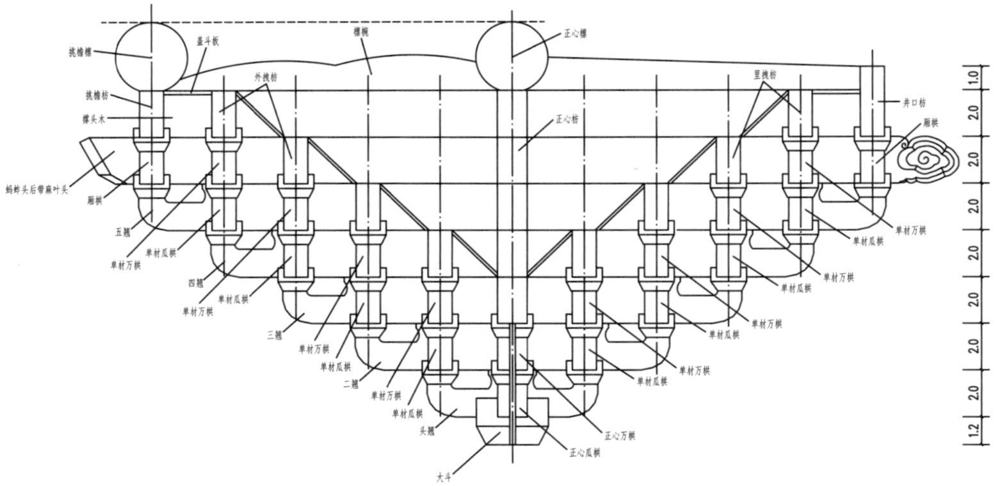

图 4-24　十一踩五翘品字科斗栱（单位：斗口）

三、清式斗栱举例

1. 单翘单昂五踩斗栱构造

（1）平身科

见图 4-25 至图 4-27。

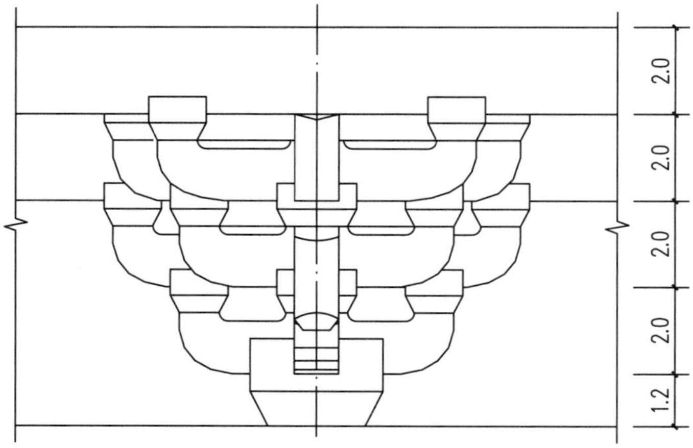

图 4-25　平身科正立面（单位：斗口）

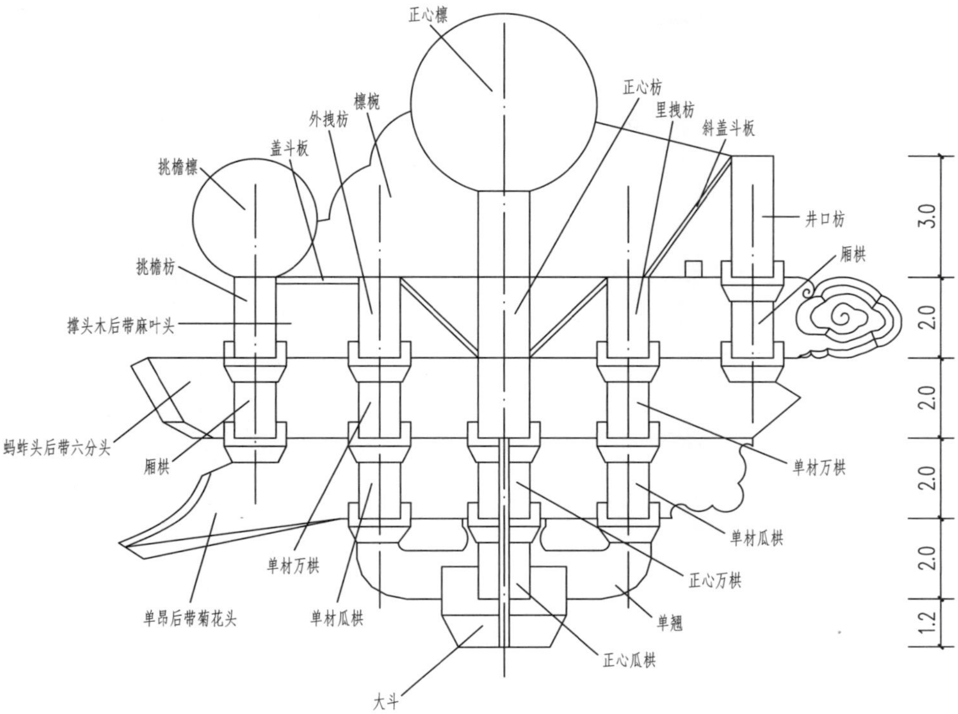

图 4-26　平身科侧立面（单位：斗口）

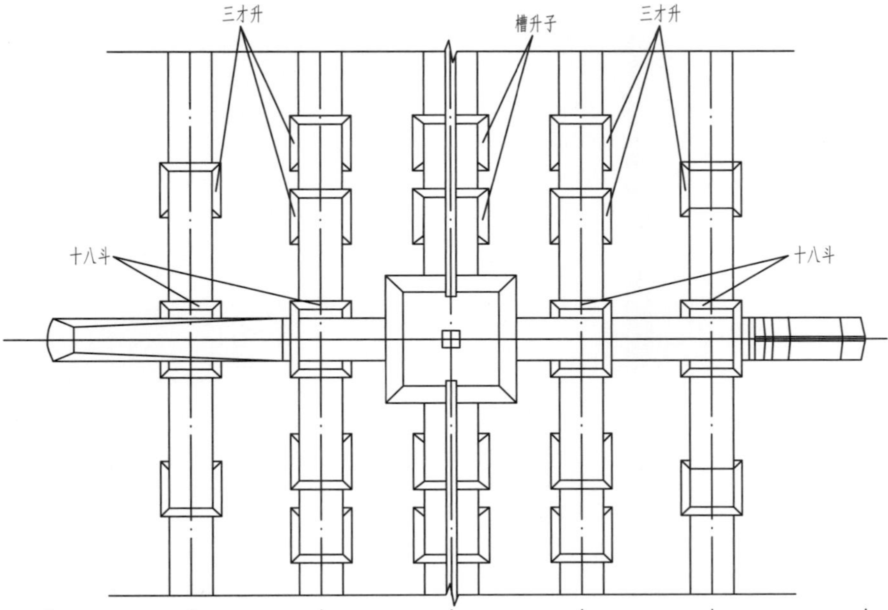

图 4-27　平身科平面（单位：斗口）

（2）柱头科

见图 4-28 至图 4-30。

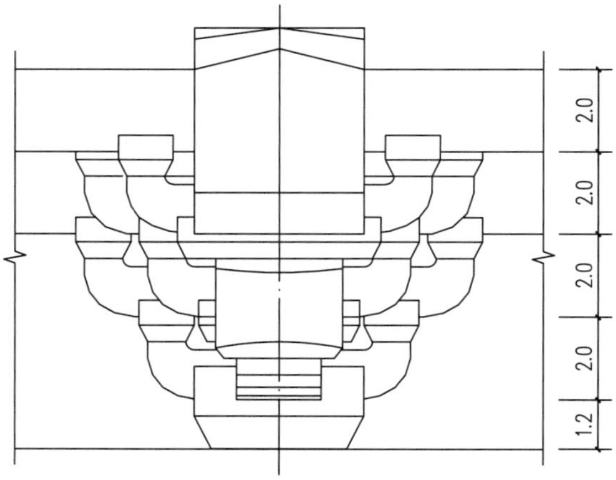

图 4-28　柱头科正立面（单位：斗口）

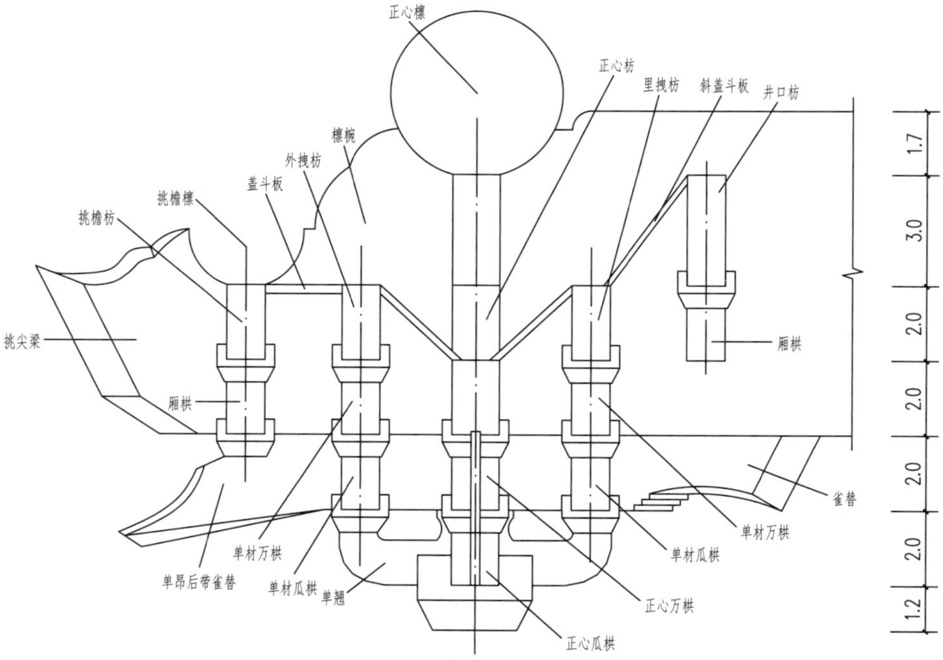

图 4-29　柱头科侧立面（单位：斗口）

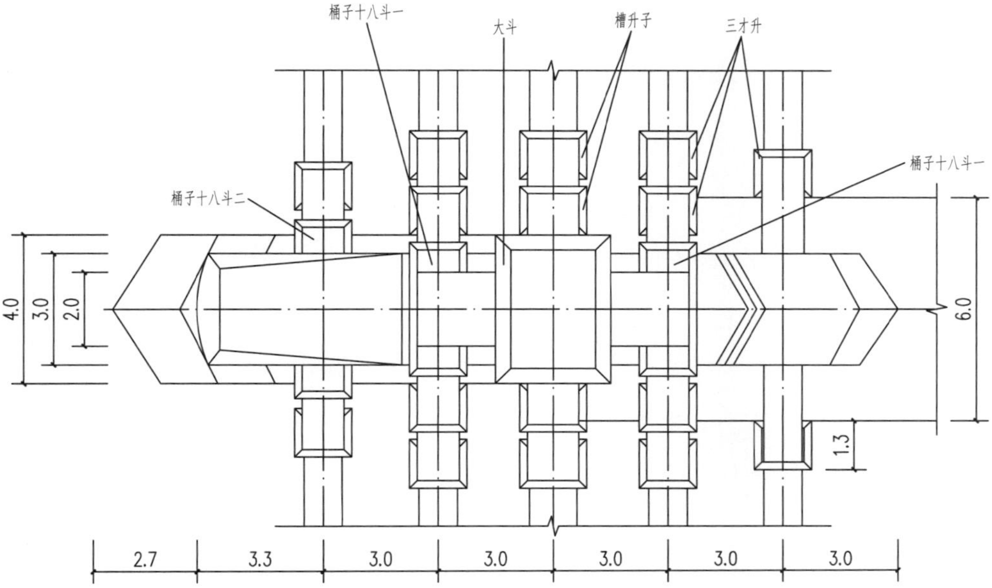

图 4-30　柱头科平面（单位：斗口）

（3）角科

见图 4-31 至图 4-33。

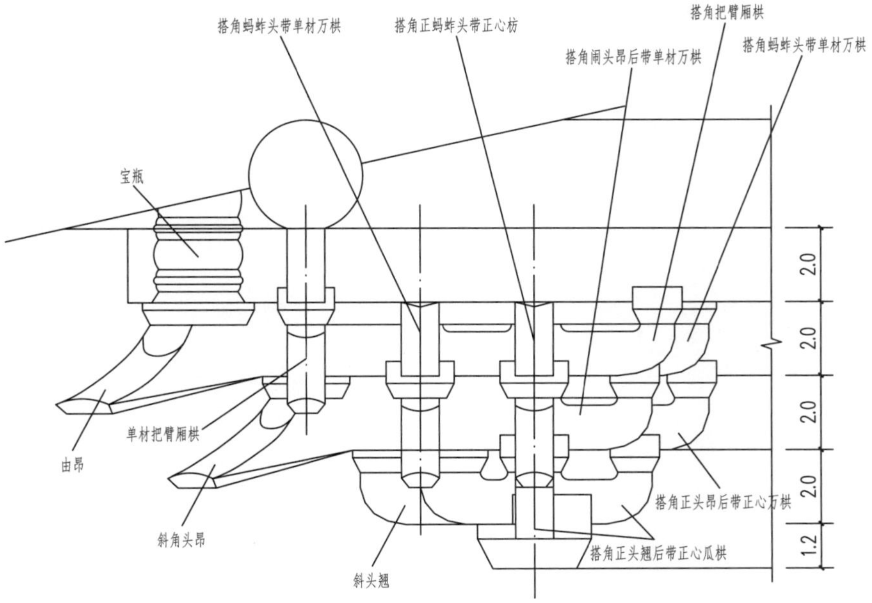

图 4-31　角科正立面（单位：斗口）

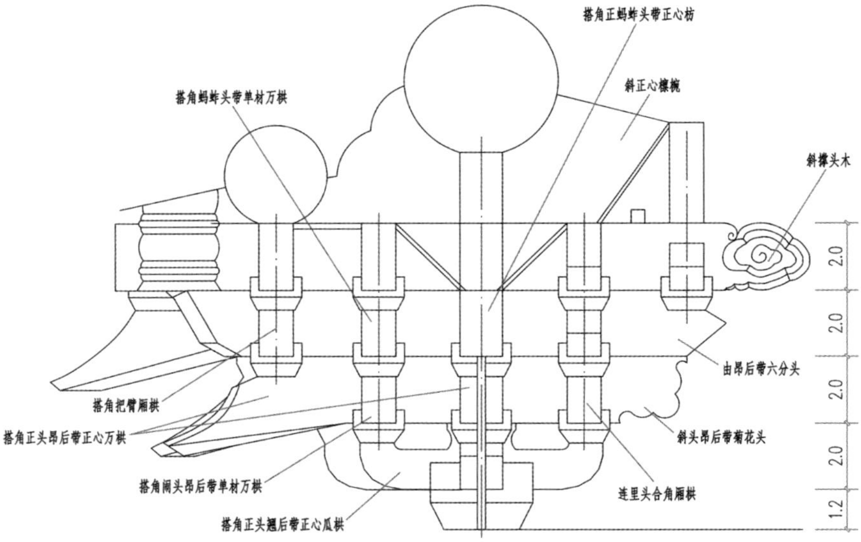

图 4-32　角科侧立面（单位：斗口）

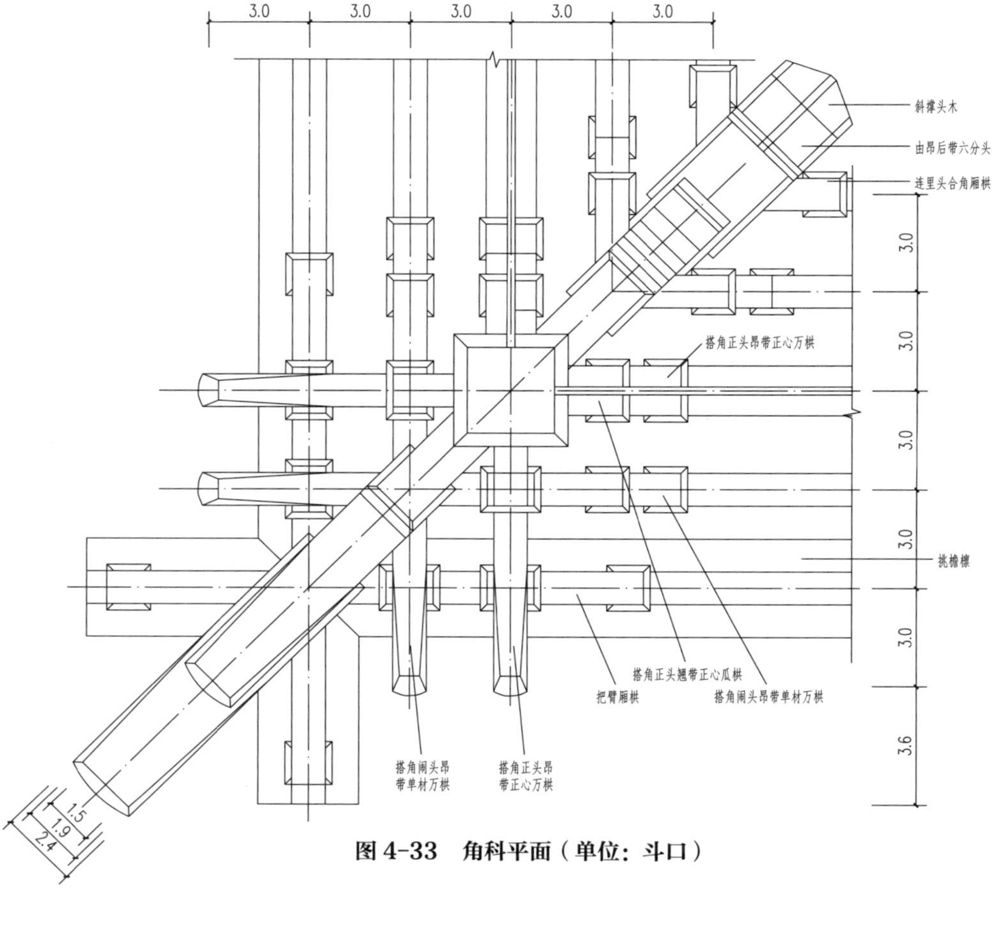

图 4-33　角科平面（单位：斗口）

第二节 混凝土斗栱制作与安装

一、混凝土斗栱制作

1. 施工准备

对整攒斗栱的分件数量、分件尺寸及斗口大小进行确认，对构件模板、钢筋、预埋件及预留孔洞进行确认。

2. 构件放样

根据构件尺寸、形状可选择侧边放样、底部放样和顶部放样。

3. 模具制作与安装

（1）分件制作模具

按斗、升、昂、翘、栱等分件制作模具，根据放样的不同有正支模和反支模两种形式（图 4-34）。

坐斗分件模具（正支模）

升类构件分件模具（正支模）

正心瓜栱分件模具（正支模）

翘的分件模具（正支模）

昂的分件模具（反支模）

图 4-34 斗栱分件模具示意

（2）分层制作模具

第一层——坐斗、正心瓜栱和翘，第二层——正心万栱、单才瓜栱、昂，第三层——单才万栱、厢栱、耍头（图 4-35）。

第一层——正心瓜栱与翘（反支模）

第二层——正心万栱、单材瓜栱、昂（反支模）

第三层——单材万栱、厢栱、耍头（反支模）

图 4-35　斗栱分层模具示意

4. 钢筋及预埋件制作与安装

将钢筋按照不同的构件及部位进行绑扎，根据其位置设置预埋件。

5. 混凝土浇筑及养护

混凝土浇筑时应检查模板是否变形与移位。振捣优先选用振动台，混凝土密实后采用抹子对构件顶面进行初次抹平，初凝前进行二次收光，确保构件顶面光滑平整。

混凝土构架浇筑完毕，应对构件加以覆盖并浇水养护，若条件允许，也可选择蒸汽或水中养护，时间不得少于 7 天(图 4-36)。

图 4-36　混凝土浇筑及养护

6. 模具拆除、修整及打磨

当混凝土强度达到 50% 时，即可进行拆模。若构件表面及棱角有不影响结构受力的损伤，可局部维修后再使用。对毛边或不平整之处进行打磨处理，保证外观质量。

7. 堆放与保护

将制作好的构件按类别堆放整齐。搬运构件时，应轻拿轻放，防止缺棱掉角。应经常对构件进行检查，发现损伤及时修复（ 图 4-37 ）。

图 4-37　混凝土斗栱堆放

二、混凝土斗栱安装

受力斗栱随主体结构逐层施工，同步安装。轻质装饰性斗栱一般在主体完成之后进行安装。

1. 受力斗栱安装流程

受力斗栱安装

❶安装大斗——在平板枋斗栱中心位置植入拉结钢筋安装，斗底十字线需与平板枋上十字线对齐

❷安装正心瓜栱和翘——在大斗上安装，拉结钢筋穿过正心瓜栱和翘的中心

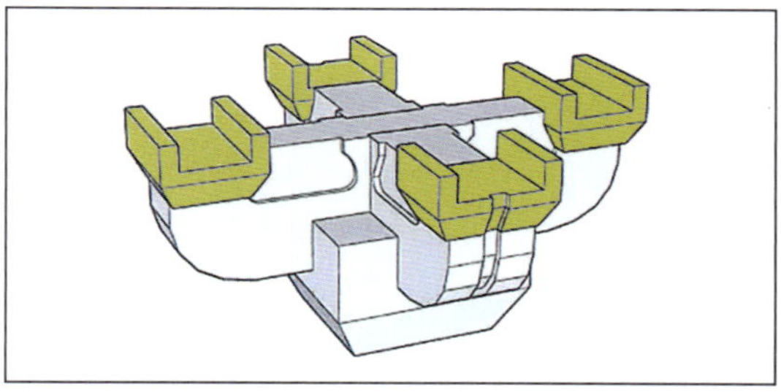

❸安装槽升子、十八斗——在栱、翘两端分别植入钢筋，安装槽升子、十八斗

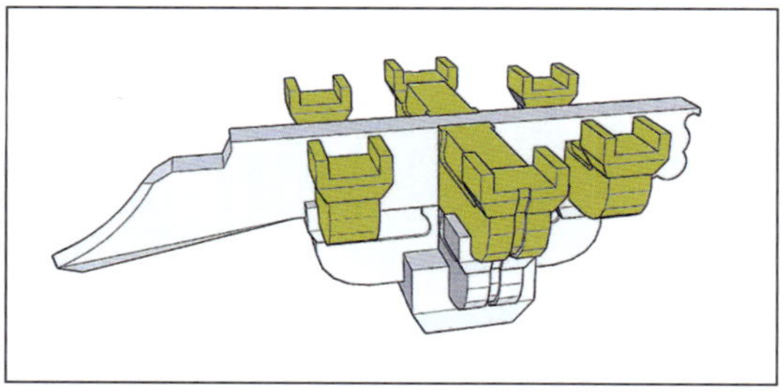

❹安装正心万栱、槽升子、里外拽单材瓜栱、三才升——正心位置的构件需要使用斗部位的拉结钢筋整体连接

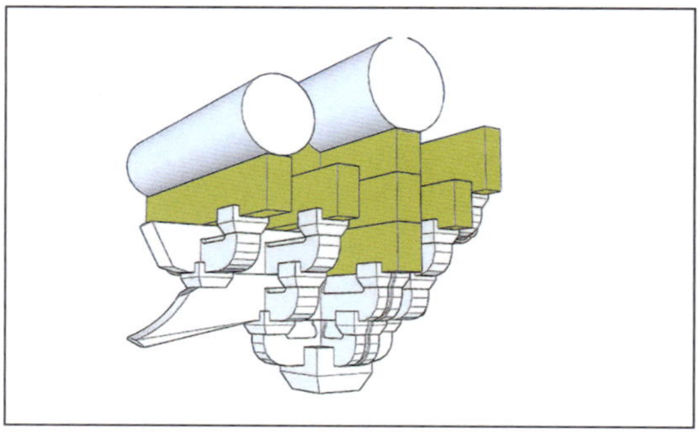

❺安装正心枋、内外拽枋、斜斗板、盖斗板、井口枋、挑檐枋、檩碗——向上逐层按山面压檐面做法交圈安装斗栱，各层相同构件应高低一致

❻砌筑垫栱板——砌筑时植筋，使其与斗栱进行拉结

2. 轻质装饰性斗栱安装流程

先安装角科斗栱，再沿进深和面阔两个方向依次自上而下逐层安装。同层斗栱先安装内侧斗栱，后安装外侧斗栱。

轻质装饰性斗栱安装

❶**施工准备**——安装前复核主体结构预埋件位置，根据斗栱的重量、位置等选择适宜的起吊设备及辅助设备

❷**弹设控制线**——在主体结构上弹出构件安装水平线，逐个确定斗栱中心线

❸**吊装就位**——将斗栱吊装就位后临时点焊，千斤顶微调精确定位

❹**焊接固定**——校正无误后焊接固定，两边对称焊接

❺**焊缝清理**——焊接完成后，将焊缝区的熔渣和飞溅物清理干净，及时涂刷防锈漆

第三节 钢结构斗栱制作与安装

一、钢结构斗栱制作

根据图纸进行构件拆分，把不同部位的斗栱逐层分解，每个构件单独展开成平面，标注好平面加工尺寸。

根据拆分图形尺寸进行构件的实样模具制作。

根据实样模具在钢板上划线、裁切下料。

将裁切好的钢板组拼，焊接封口制成空心斗栱构件。

焊接完成后进行打磨，清理除锈，将斗栱构件表面的铁锈、焊缝药皮、焊接飞溅物、油污、尘土等杂物清理干净。

打磨完成后在斗栱表面涂刷氟碳漆，在专业喷涂车间喷涂到位，喷好的斗栱降温冷却至常温后，用塑料薄膜打包。

将制作好的构件运输至安装现场，分类码放整齐。

二、钢结构斗栱安装

1. 基层打磨修补

对需要安装斗栱处的混凝土构件进行实测实量，打磨凸出的部分，修补凹陷，确保混凝土基层尺寸准确，表面平整，无凹凸不平。

2. 定位放线

用墨斗和记号笔在混凝土檩底画出每攒斗栱的栱心十字线，标记出吊筋安装中心点。在墙面（或柱子）上画出翘和坐斗的安装位置，标记出翘和坐斗安装边线。再用记号笔标记出斗栱各构件的安装中心点，用电钻在安装中心点钻出和吊筋直径相同的圆孔（图 4-38）。

图 4-38　定位放线

3. 安装吊筋

吊筋采用高强度通丝螺杆，螺杆直径根据斗栱大小和重量选配。在混凝土檩底面预先定好的中心点上用电钻打孔，植入高强度膨胀螺栓，然后将通丝螺杆旋转固定在膨胀螺栓内（图 4-39）。

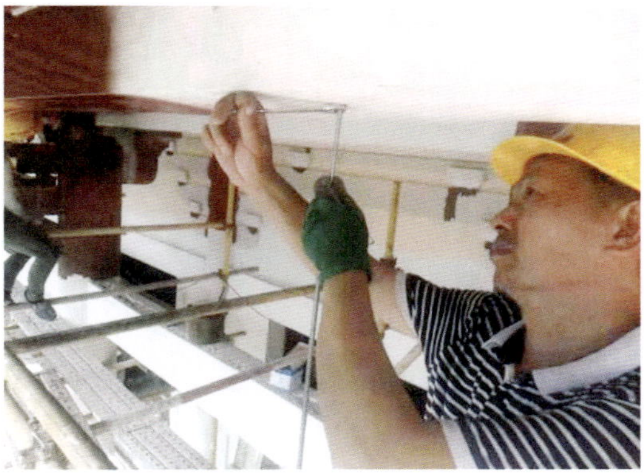

图 4-39　安装吊筋

4. 安装枋类构件

吊筋安装到位后，安装最上层的枋类构件。每个构件沿预先开好的圆孔穿入吊筋，紧靠檩底部，再用螺母顺吊筋从枋底部将枋子固定到位（图 4-40）。

图 4-40　安装枋类构件

5. 安装升子、栱

将升子预先用铆钉和栱组装在一起，每个栱沿预先开好的圆孔穿入吊筋，紧靠枋子底部，再用螺母顺吊筋从栱底部将每个栱固定到位。从上到下依次将每层栱和翘安装到位（图 4-41）。

图 4-41　安装升子、栱

6. 安装角码

在墙面上翘安装位置的四条边线上安装角码，每边装 1 个至多个，装在每条边的中间位置。角码朝向边线以内，和边线保持 3 ~ 5mm 距离，保证翘和坐斗在墙面上能将角码全部覆盖（图 4-42）。

图 4-42　安装角码

7. 安装一翘、坐斗

在墙面（或柱子）上翘尾对准角码位置，并将角码全部覆盖，用铆钉将翘尾和角码固定到位（图 4-43）。坐斗位置的上边线和两侧面各安装一个角码，角码朝向边线以内，和边线保持 3 ~ 5mm 距离，将坐斗调整好位置，用铆钉将坐斗和角码固定到位。

图 4-43　安装一翘

8. 打胶勾缝

在斗栱各构件接缝处用和斗栱颜色相近的硅酮耐候胶勾缝，胶缝要粗细一致，连续顺畅（图 4-44、图 4-45）。

图 4-44　打胶勾缝

图 4-45　斗栱安装完成

第五章

屋顶构造与施工

第一节 屋顶概述

一、屋顶类型

仿古建筑屋顶有重檐庑殿、重檐歇山、单檐庑殿、单檐歇山、卷棚歇山、起脊悬山、卷棚悬山、起脊硬山、卷棚硬山 9 个类型，等级依次降低。建筑屋顶类型详见图 5-1。

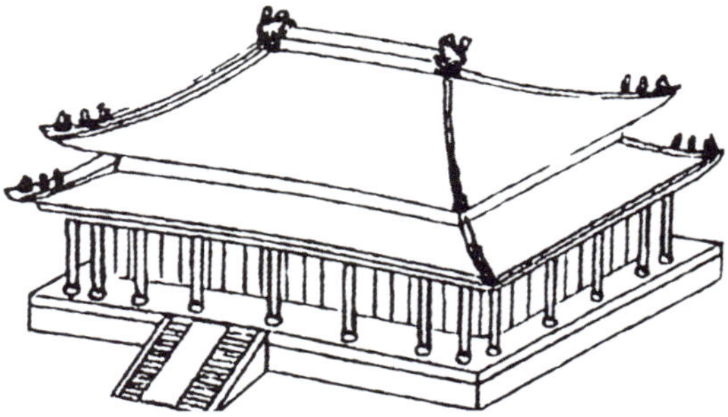
重檐庑殿

重檐歇山

单檐庑殿

单檐歇山

卷棚歇山

起脊悬山

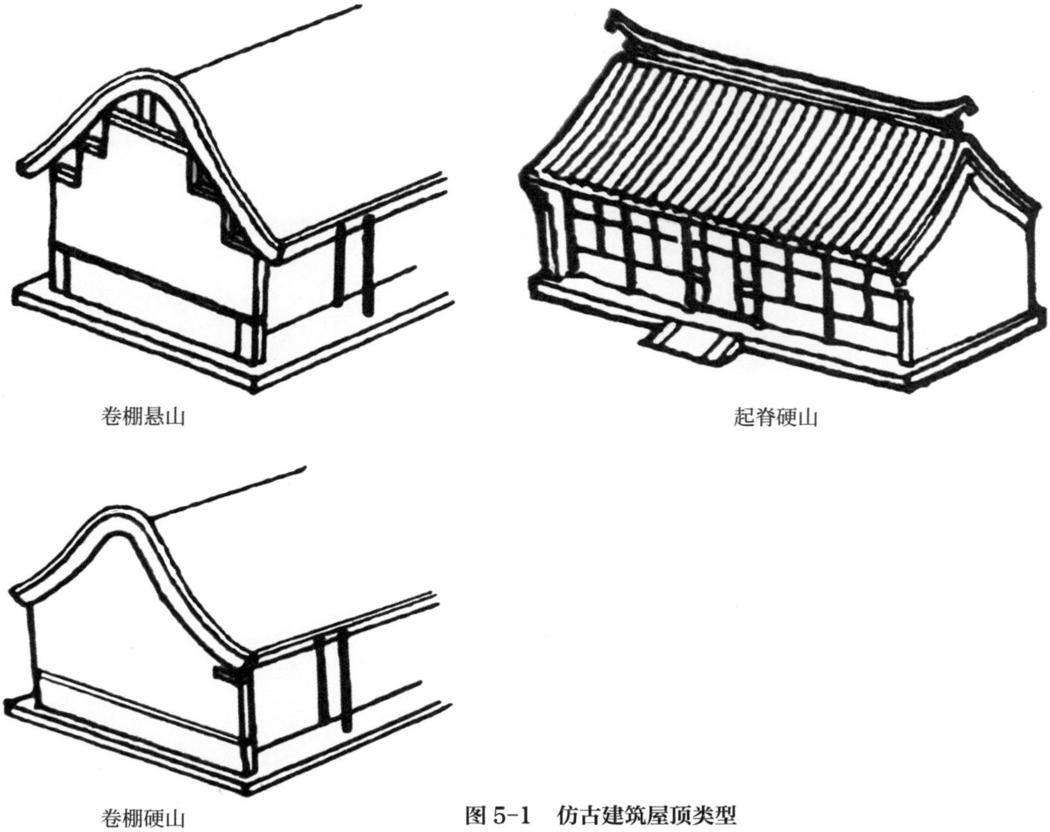

图 5-1　仿古建筑屋顶类型

二、屋面类型

仿古建筑屋面根据瓦材划分为琉璃瓦屋面和布瓦屋面。

1. 琉璃瓦屋面

（1）单色琉璃瓦屋面

屋面和屋脊均采用同色琉璃瓦件。

（2）琉璃剪边

用布瓦做屋面，用琉璃瓦做檐头和屋脊；或者用一种颜色的琉璃瓦做屋面，用另一种颜色的琉璃瓦做檐头和屋脊。

（3）琉璃聚锦

在屋面上采用两色琉璃或多色琉璃拼出图案的做法，常见的图案有方胜（菱形）、叠落方胜（双菱形）、双喜字等（图 5-2）。

单色琉璃瓦屋面

琉璃剪边

琉璃聚锦（方胜）

图 5-2　琉璃瓦屋面

2. 布瓦屋面

颜色呈深灰色的黏土瓦称为布瓦，布瓦屋面又称为黑活屋面（图 5-3）。

（1）筒瓦屋面

以板瓦做底瓦、筒瓦做盖瓦的屋面称为筒瓦屋面。

（2）合瓦屋面

北方称阴阳瓦，南方称蝴蝶瓦。合瓦屋面的特点是底瓦和盖瓦均采用板瓦，底瓦、盖瓦按照一反一正（即“一阴一阳”）的顺序进行排列。

（3）仰瓦灰梗屋面

屋面不施盖瓦，以板瓦为底瓦，在两垄底瓦相交的瓦楞部位用灰堆抹出形似筒瓦垄、宽约 4cm 的灰梗。

（4）干槎瓦屋面

屋面不施盖瓦，通过瓦与瓦的互相搭置遮盖瓦缝。

（5）棋盘心屋面

在合瓦屋面的中间部位或下半部挖出一块，局部改作灰背或石板瓦的做法。

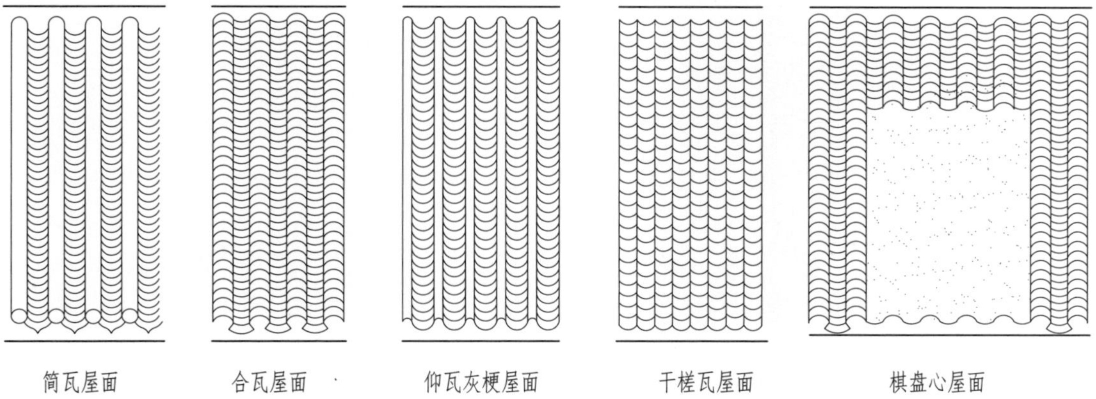

立面图

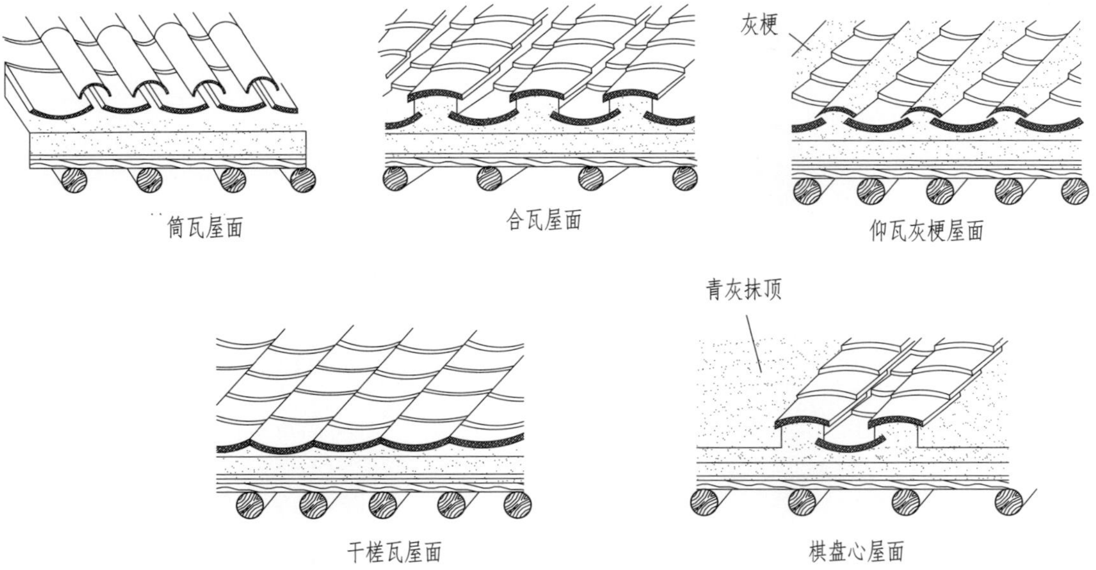

剖轴测图

图 5-3　布瓦屋面

三、屋脊类型

1. 正脊

正脊是指沿前后两坡屋面相交线做成的脊，沿檩方向在屋顶最高处。

2. 垂脊（排山脊）

凡是与正脊或宝顶相交的脊统称为垂脊。

3. 戗脊

戗脊是指歇山顶建筑中前后坡与两山坡面交界线处的脊，该脊沿着四角 45° 方向与垂脊倾斜相交。

4. 角脊

在重檐建筑中，角脊是指下檐屋面转折处沿角梁方向所做的脊。

5. 博脊

坡屋面与竖向墙面交接时，沿接缝处做的脊称为博脊。

6. 围脊

围脊能够头尾相接呈围合状，故俗称“缠腰脊”。

屋脊类型见图 5-4。

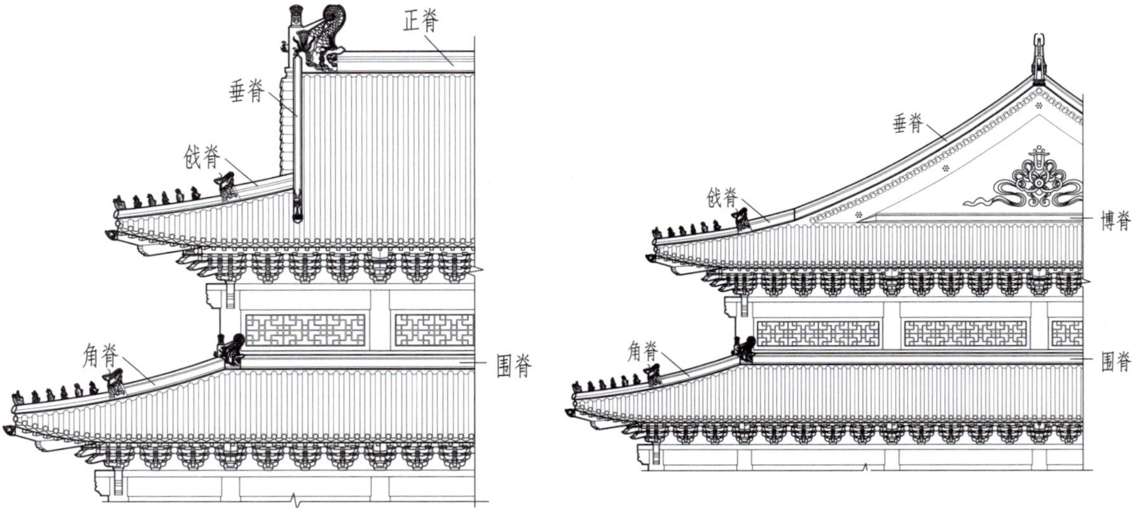

图 5-4 屋脊类型

第二节 屋面构造与施工

一、屋面构造组成

建筑屋面主要由基层、苫背层、结合层和瓦面组成（图 5-5）。基层材质一般为木望板、望砖。苫背层分为泥背层和灰背层，泥背有滑秸泥背和麻刀泥背，灰背有月白灰背和青灰背。结合层一般为宧瓦泥或底瓦泥。瓦面分为琉璃瓦屋面和布瓦屋面。

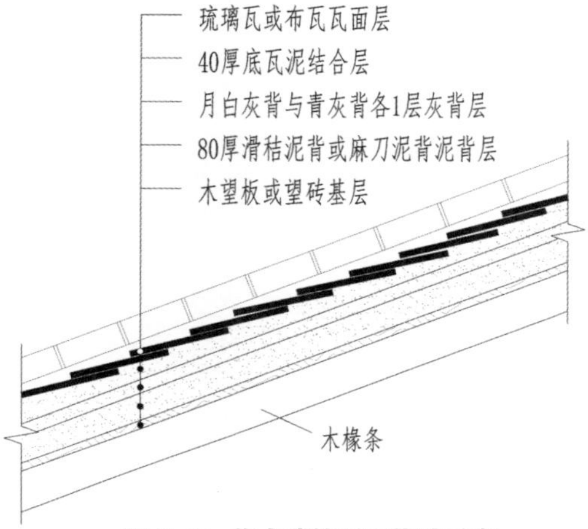

图 5-5　仿古建筑屋面构造示意

现行仿古建筑屋面由基层、保温层、找平层、防水层、保护层、结合层和瓦面组成（图 5-6）。

基层一般为钢筋混凝土楼板。

保温层含松散材料、板块材料和发泡混凝土整体保温材料等，因坡屋面坡度较大，一般选用板块类保温材料。

找平层为 30mm 厚 1 ：3 水泥砂浆。

防水层主要为防水卷材或防水涂料。保护层为 20mm 厚 1 ：3 水泥砂浆或 40mm 厚细石混凝土。结合层为 40mm 厚 1 ：2.5 水泥砂浆。

瓦面层为琉璃瓦屋面和布瓦屋面。

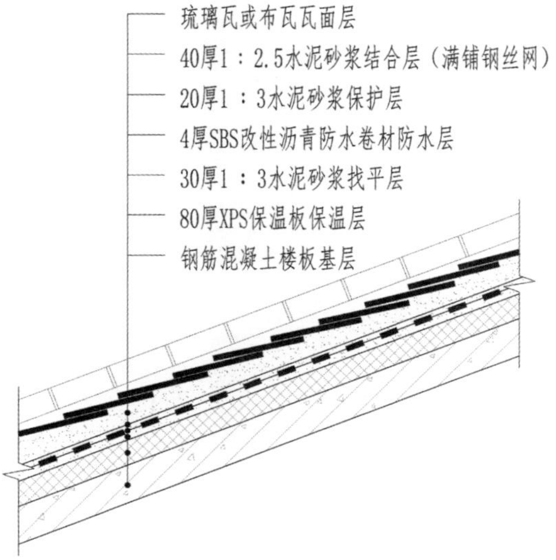

图 5-6　现行仿古建筑屋面构造示意

二、屋面瓦件选择

1. 琉璃瓦件

琉璃瓦件包括筒瓦、板瓦、勾头、滴子、正脊筒子、正吻、垂脊筒子、垂兽、戗脊筒子、戗兽、仙人走兽、套兽等。常见琉璃瓦件尺寸见表 5-1。

表 5-1　琉璃瓦件尺寸（cm）

瓦件名称		二样	三样	四样	五样	六样	七样	八样	九样
筒瓦	长	40.00	36.80	35.20	33.60	30.40	28.80	27.20	25.60
	口宽	20.80	19.20	17.60	16.00	14.40	12.80	11.20	9.60
	高	10.40	9.60	8.80	8.00	7.20	6.40	5.60	4.80
板瓦	长	43.20	40.00	38.40	36.80	33.60	32.00	30.40	28.80
	口宽	35.20	32.00	30.40	27.20	25.60	22.40	20.80	19.20
	高	7.04	6.72	6.08	5.44	4.80	4.16	3.20	2.88
勾头	长	43.20	40.00	36.80	35.20	32.00	30.40	28.80	27.20
	口宽	20.80	19.20	17.60	16.00	14.40	12.80	11.20	9.60
	高	10.40	9.60	8.80	8.00	7.20	6.40	5.60	4.80
滴子	长	43.20	41.60	40.00	38.40	35.20	32.00	30.40	28.80
	口宽	35.20	32.00	30.40	27.20	25.60	22.40	20.80	19.20
	高	17.60	16.00	14.40	12.80	11.20	9.60	8.00	6.40

琉璃瓦样数一般以筒瓦宽度按照以下原则确定：

①筒瓦宽度：可按椽径大小来选定样数。若椽径为 12cm，可按照筒瓦宽 12.8cm，选定为七样；若椽径为 14cm，可选定筒瓦宽 14.4cm，确定六样。

②重檐建筑：要求下檐比上檐增加一样，若上檐定为六样，则下檐应为七样。

③庑殿顶建筑：可按其檐口高度而定，檐口高在 4.2cm 以下者，采用八样，在 4.2cm 以上者采用七样。

2. 布瓦瓦件

布瓦瓦件包括筒瓦、板瓦、吻兽、望兽、套兽等。常见尺寸见表 5-2。

表 5-2　布瓦瓦件尺寸

名称		现行常见尺寸 / cm			清代官窑尺寸 / cm	
		长	宽	瓦头宽	长	宽
筒瓦	头号筒瓦	30.5	16	—	—	—
	1 号筒瓦	21	13	10	35.2	14.4
	2 号筒瓦	19	11	8	30.4	12.16
	3 号筒瓦	17	9	6	24	10.24
	10 号筒瓦	9	7	5	14.4	8
板瓦	头号筒瓦	22.5	22.5	—	—	—
	1 号筒瓦	20	20	18	28.8	25.6
	2 号筒瓦	18	18	16	25.6	22.4
	3 号筒瓦	16	16	14	22.4	19.2
	10 号筒瓦	11	11	9	13.76	12.16

布瓦的规格，可根据筒瓦的宽度确定，规定如下：

①一般房屋：按椽径大小选择与之相近的筒瓦宽度，宜大不宜小。若椽径为 10cm，可选用 2 号瓦（筒瓦宽为 11cm）；若椽径为 6cm，可选用 10 号瓦（筒瓦宽度 7cm）。

②合瓦与干槎瓦屋面：按椽径大小确定号数，椽径 6cm 以下选用 3 号瓦，椽径 6 ~ 8cm 时选用 3 号或 2 号瓦，椽径 8 ~ 10cm 时选用 2 号瓦，椽径 10cm 以上时选用 1 号瓦。

③无椽建筑：按檐高确定，檐高在 2.8m 以下时选用 3 号瓦，3m 以下时选用 2 号或 3 号瓦，3.5m 以下时选用 2 号瓦，3.5m 以上时选用 1 号瓦。

三、屋面施工

1. 屋顶施工总流程

屋顶施工

❶**清理基础**——将檐口、落水口、排气道内的杂物及混凝土基层表面清理干净，并保持干燥

❷**保温层施工**——保温板沿坡屋面从下向上铺贴，转折处将保温板分割成小块，确保粘贴牢固

❸**防水层施工**——涂膜防水需多遍涂抹，卷材防水用同类卷材横向铺贴，屋脊处以屋脊为中心顺两坡纵向铺贴

❹**防滑层施工**——植防滑筋，植筋根部防水涂膜涂刷，宽（wà）瓦砂浆铺摊前绑扎双向钢筋网片

❺**宽瓦**——拴好瓦刀线后铺 40mm 厚坐浆灰，底瓦窄头朝下从下往上依次摆放，盖瓦熊头朝上，从下往上依次安放，上面的筒瓦应压住下面筒瓦的熊头，熊头上挂素灰

（1）筒瓦屋面

筒瓦屋面施工流程：审瓦→分中、号垄→排瓦当→ 宽边垄→栓线→冲垄→宽檐头勾滴瓦→宽底瓦→宽盖瓦→捉节夹垄（裹垄）→翼角宽瓦→刷浆提色→清垄擦灰。

筒瓦屋面施工

❶**审瓦**——宽瓦前要逐块检查，有裂缝、砂眼、残损者和脊件不得使用，黑活筒瓦还应进行沾瓦

❷**分中、号垄**——在檐头找出横向中点，中间一趟底瓦中心线与之重合，在两山博缝外往里两个瓦口宽度做标记

❸**排瓦当**——根据屋面赶排瓦口的尺寸将瓦口木截成几段，然后适当拉伸或缩小，使屋面能赶排出“好活”

❹**宽边垄**——在每坡两端边陇位置拴线、铺灰，两趟底瓦、一趟盖瓦，边垄底瓦底皮应与博缝上皮同高

❺**栓线**——以两端边垄盖瓦垄“熊背”为标准，在正脊、中腰和檐头拉三道横线，作为整个屋顶的瓦垄高度标准

❻**冲垄**——大面积宽瓦之前，先宽几垄瓦作为高低标准，在屋面中间将三趟底瓦和二趟盖瓦宽好

❼**宽檐头勾滴瓦**——宽檐头勾头和滴水瓦要拴两道线，一道拴在滴水尖位置，另一道即为冲垄前拴好的“檐口线”

❽**宽底瓦**——底瓦应窄头朝下，从下往上依次摆放，底瓦的搭接应以“压六露四”“稀瓦檐头密瓦脊”为原则

❾**宽盖瓦**——盖瓦与底瓦之间留出“睁眼”，要熊头朝上，从下往上依次摆放，上面的筒瓦应压住下面筒瓦的熊头

❿**捉节夹垄**——用砂浆勾抹筒瓦相接处为“捉节”，用夹垄灰将“睁眼”抹平为“夹垄”

⓫**翼角宽瓦**——从翼角端开始宽瓦称为“攒角”，两坡翼角相交处的两块滴子瓦要用割角滴子

⓬**刷浆提色**——瓦面刷青浆，檐头、眉子、当沟刷烟子浆，滴子瓦底部和侧面也要刷浆

⓭**清垄擦灰**——宽瓦全部完成后，将瓦垄内的残留灰浆清扫干净，用麻丝或旧布将瓦面擦拭干净

（2）合瓦屋面

合瓦屋面施工流程：分中、号垄→宽边垄→栓线→冲垄→宽檐头瓦→宽底瓦→宽盖瓦→夹腮→屋脊施工→清垄→刷浆。

（3）干槎瓦屋面

干槎瓦屋面施工流程：分中、号垄→拴线→宽檐头→宽底瓦→砌筑屋脊→捏嘴→堵燕窝。

（4）仰瓦灰梗屋面

仰瓦灰梗屋面施工流程：分中、号垄→宽边垄→栓线→冲垄→宽檐头瓦→宽底瓦→做灰梗垄→屋脊施工→清垄。

第三节 屋脊构造与施工

一、琉璃屋脊构造

清代琉璃瓦件的尺寸从二样到九样共分为八种，应根据房屋规模、等级、在建筑群中的位置及檐口的高度进行合理选择。

1. 正脊构造

正脊普通构造自下而上为正当沟、压当条、群色条、正通脊、扣脊筒瓦，正脊增高构造自下而上为正当沟、压当条、大群色条、黄道、赤脚通脊、扣脊筒瓦，正脊降低构造自下而上为正当沟、压当条、三连砖、扣脊筒瓦。详见图 5-7。

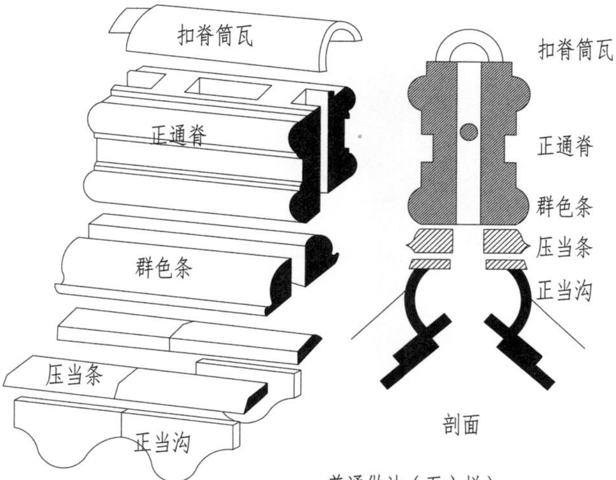

普通做法（五六样）

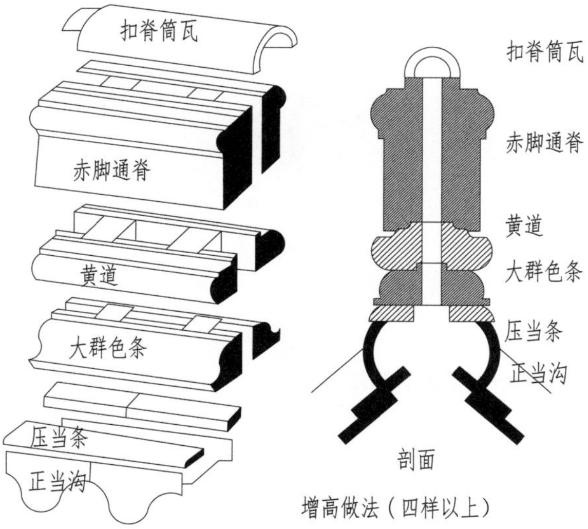

增高做法（四样以上）

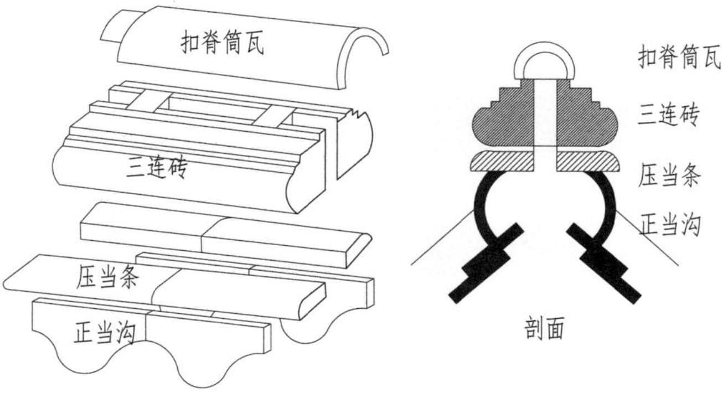

降低做法（九样）

图 5-7　正脊构造做法

2. 垂脊构造

庑殿顶建筑垂脊兽前构造自下而上为斜当沟、压当条、三连砖、带走兽扣脊筒瓦，垂脊端头构造自下而上为螳螂勾头、捎头、撺头、带仙人方眼勾头，垂脊兽后构造自下而上为斜当沟、压当条、垂通脊、扣脊筒瓦。详见图 5-8。

歇山顶建筑在垂兽处构造自下而上为托泥当沟、压当条、垂兽座、垂兽，垂脊兽后构造自下而上为正当沟、压当条（平口条）、垂通脊、扣脊筒瓦。详见图 5-9。

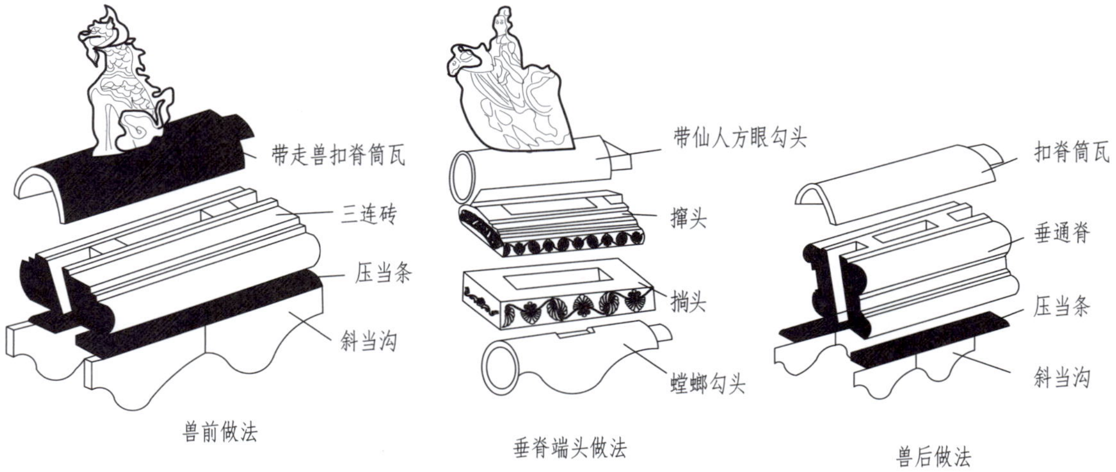

图 5-8　庑殿顶建筑垂脊做法

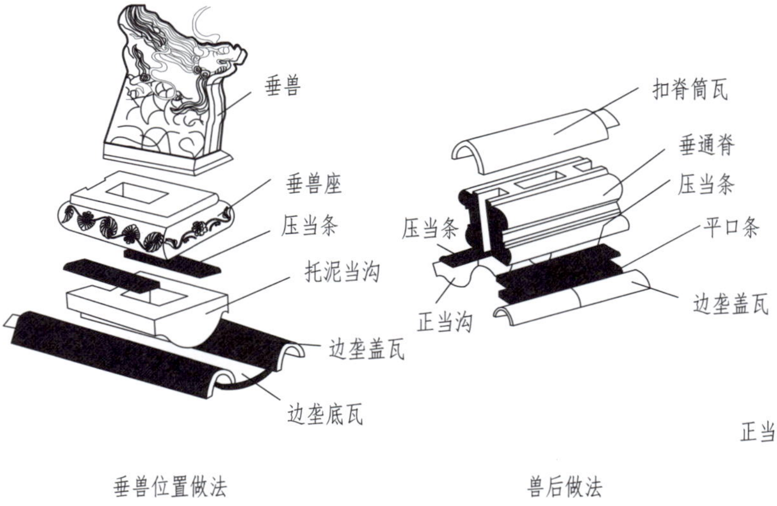

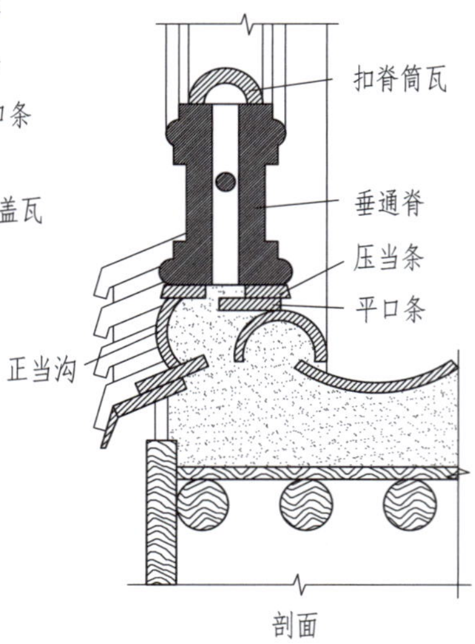

图 5-9　歇山顶建筑垂脊做法

3. 戗脊与角脊构造

脊上安装有兽，将脊分为兽前和兽后两部分，兽后部分一般用戗通脊，兽前高度要降低，多采用三连砖（图 5-10）。

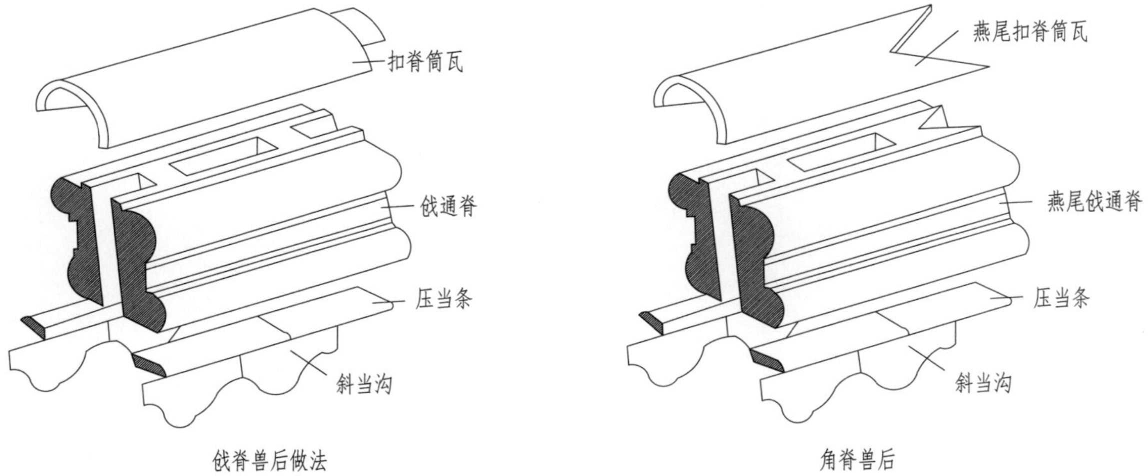

图 5-10　戗脊与角脊构造

4. 博脊构造

博脊构造自下而上为正当沟、压当条、博脊连砖、博脊瓦，两端的博脊尖由正当沟、压当条、博脊连砖挂尖组成，砌筑时挂尖插入两山的排山勾滴下部（图 5-11）。

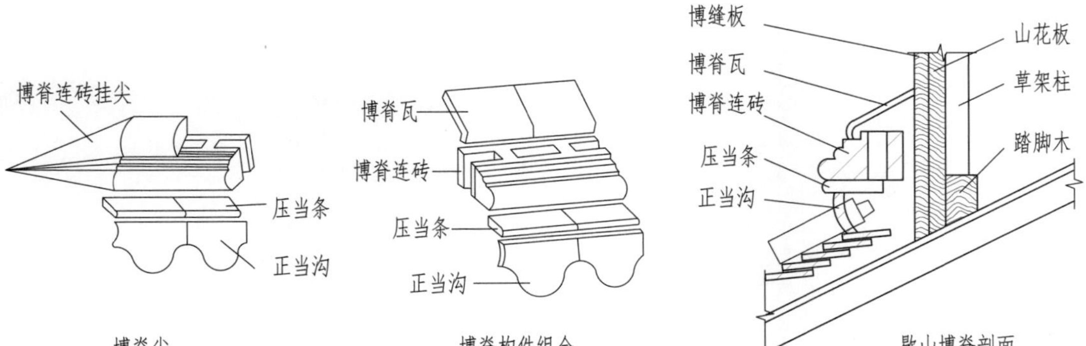

图 5-11　博脊构造

5. 围脊构造

围脊构造自下而上为正当沟、压当条、博通脊、蹬脚瓦和满面砖（图 5-12）。当建筑体量较大时，比如瓦件在四样以上，可加一层群色条。当围脊需要降低时，可将博通脊、蹬脚瓦和满面砖改作博脊连砖和博脊瓦。围脊转角部位常采用合角吻。

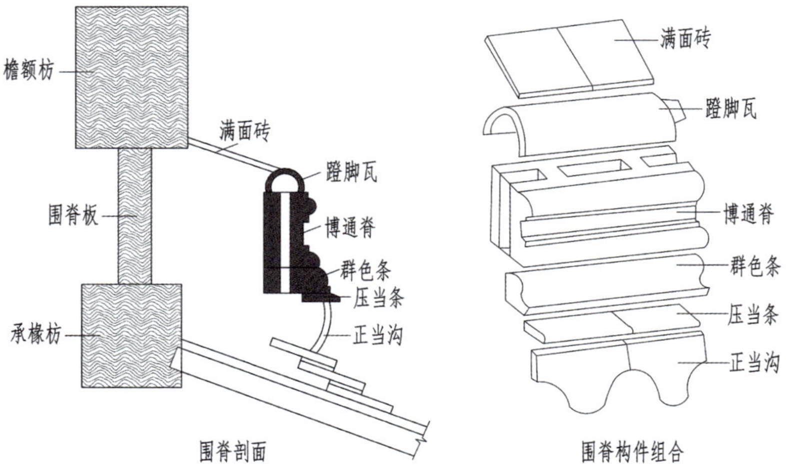

图 5-12　围脊构造

二、黑活屋脊构造

1. 正脊构造

正脊普通构造自下而上为当沟墙（胎子砖）、两层瓦条、下层圆混、陡板砖、上层圆混、筒瓦眉子（图 5-13）。正脊增高做法也称“三砖五瓦”做法，即在普通做法的基础上在下层圆混上部和上层圆混的上下各加一层瓦条，使瓦条层数增加为 5 层。

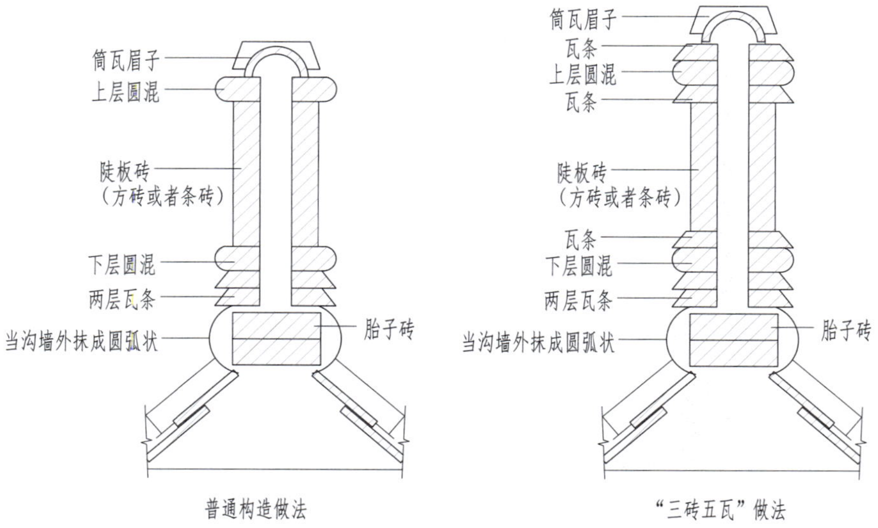

图 5-13　正脊构造

2. 垂脊构造

垂脊兽前构造自下而上为当沟墙（胎子砖）、一层瓦条、圆混、筒瓦眉子、狮马小跑；垂脊兽后构造自下而上为当沟墙（胎子砖）、两层瓦条、下层圆混、陡板砖、上层圆混、筒瓦眉子。详见图 5-14。

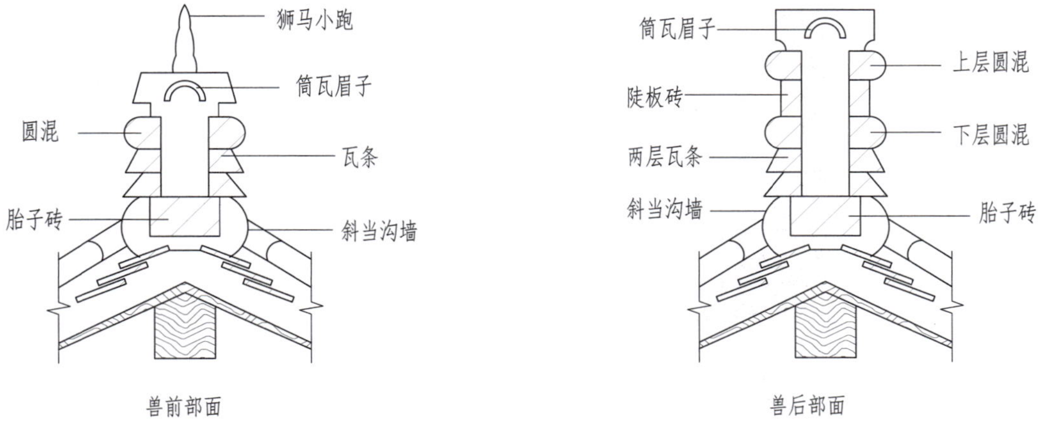

图 5-14　垂脊构造

3. 戗脊与角脊构造

戗脊与角脊做法和庑殿顶建筑垂脊做法基本相同，但应注意戗脊兽后比垂脊略低。

4. 博脊构造

黑活博脊构造有三种做法：仿琉璃挂尖法、平接戗脊法和弯接戗脊法（图 5-15）。

博脊两端隐入排山勾滴里，两端的瓦件应当仿照挂尖的角度砍制，这种做法即为仿琉璃挂尖法。

平接戗脊法是指博脊与戗脊逐层平接交圈。

当博脊位置较低，不能与戗脊平接时，可将博脊两端向斜上方砌筑与戗脊交圈，这种做法叫作弯接戗脊法。

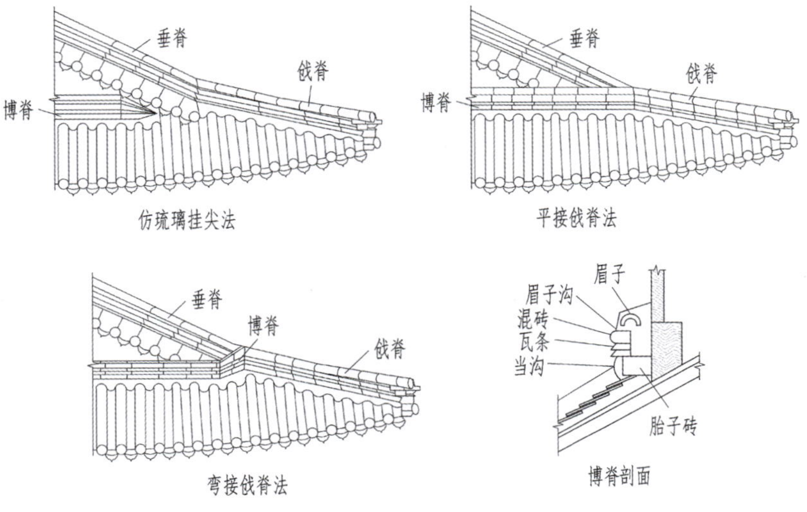

图 5-15　博脊构造

5. 围脊构造

大式黑活围脊构造自下而上为当沟（金刚墙）、两层瓦条、下层圆混、陡板砖、上层圆混、眉子（图 5-16）。

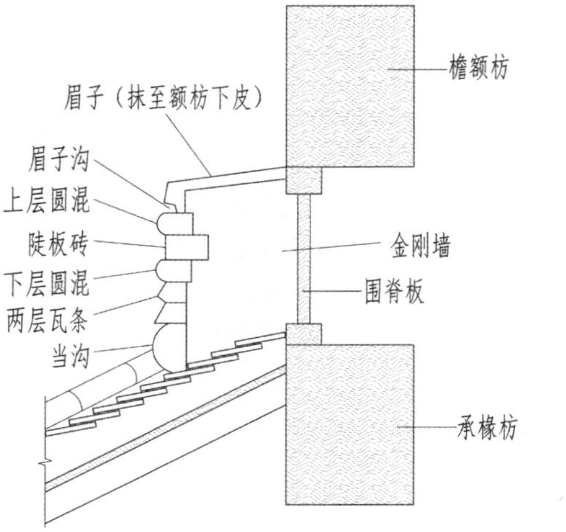

图 5-16　围脊构造剖面

三、屋脊施工

（1）正脊施工流程

稳老桩子瓦→砌当沟墙→砌圭角→砌面筋条→砌天地盘→砌两层瓦条→砌头层混砖→安装正吻（兽）→砌陡板→砌两层混砖→扣脊帽子托眉子（扣脊筒瓦）→托瓦条→打点修理→拽当沟→刷浆。

（2）垂脊施工流程

攒角→宼边垄（铃铛排山脊）→宼排山勾滴（铃铛排山脊）→稳老桩子瓦→稳圭角→砌胎子砖→下瓦条→稳盘子→下兽前混砖→安垂兽→下兽后第二层瓦条→下兽后头层混砖→砌兽后陡板→下兽后第二层混砖→兽后安扣脊筒瓦→安小跑兽→托眉子→托瓦条→打点修理→拽当沟→刷浆。

（3）戗脊施工流程

攒角→稳老桩子瓦→稳圭角→砌胎子砖→下瓦条→稳盘子→下兽前混砖→安戗（岔）兽→下兽后第二层瓦条→下兽后头层混砖→砌兽后陡板→下兽后第二层混砖→兽后安扣脊筒瓦→安小跑兽→托眉子→托瓦条→打点修理→拽当沟→刷浆。

（4）博脊施工流程

稳老桩子瓦→砌当沟墙→下两层瓦条→下混砖→做眉子或扣脊筒瓦抹泛水→托瓦条→拽当沟→刷浆→博脊的端头处理。

（5）围脊施工流程

稳老桩子瓦→砌金刚墙、当沟墙→下两层瓦条→下头层混砖→安装合角兽（吻）→砌陡板→下两层混砖→做眉子或扣脊筒瓦抹泛水→托瓦条→拽当沟→刷浆。

第六章

装修构造

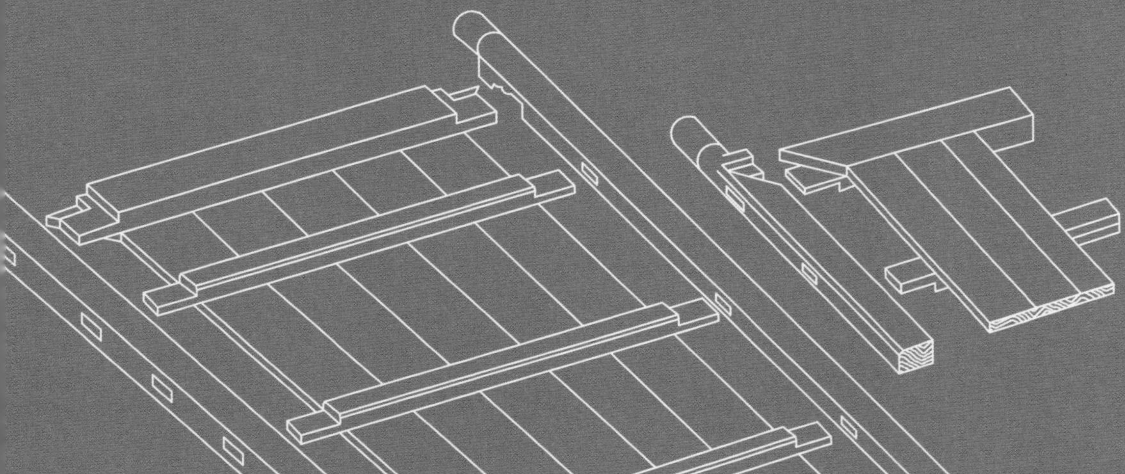

第一节 门窗构造与施工

一、门

仿古建筑的门按构造方法主要分板门和隔扇门两种。

1. 板门

板门按构造方法主要分为实榻门、棋盘门、撒带门、屏门四种（图 6-1）。

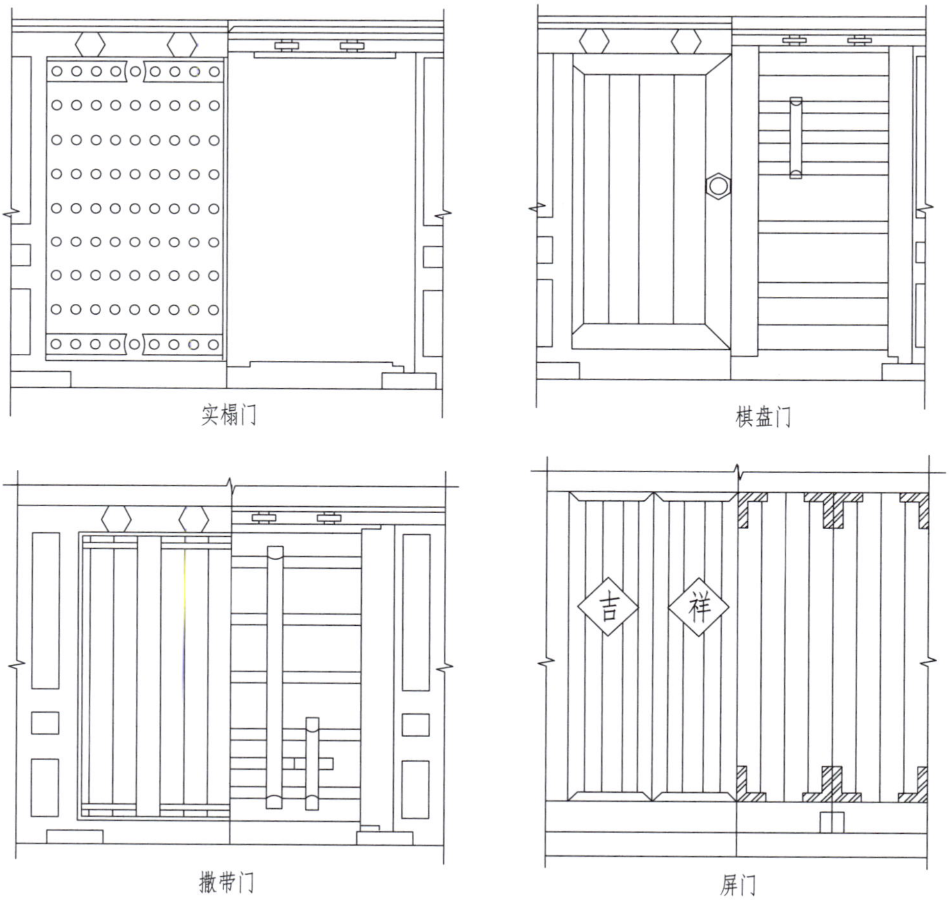

图 6-1 板门的种类

（1）实榻门

实榻门由下槛、中槛、上槛、走马板、抱框、门框、连楹、门枕石和门扇等构件组成，门扇用厚木板拼合而成，板与板之间做企口缝或龙凤榫，板中穿带的方法有穿明带与穿暗带两种（图 6-2）。

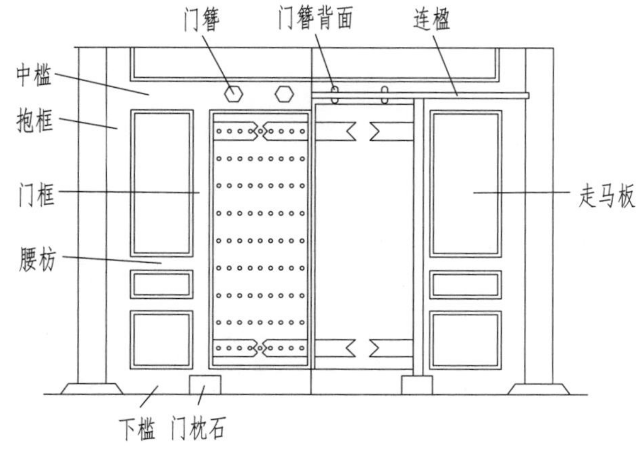

实榻大门立面图

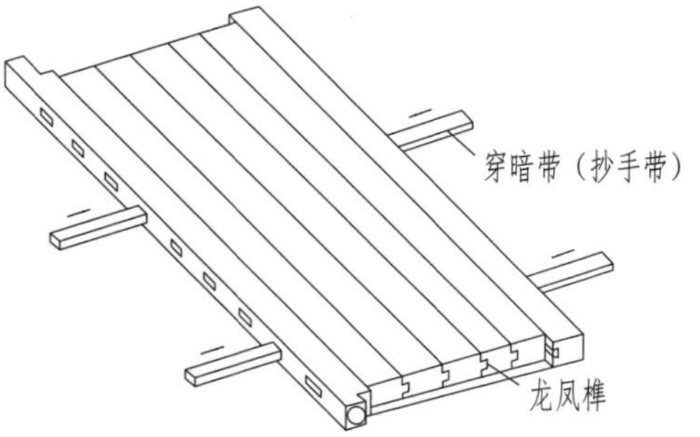

实榻门扇构造一（穿暗带）

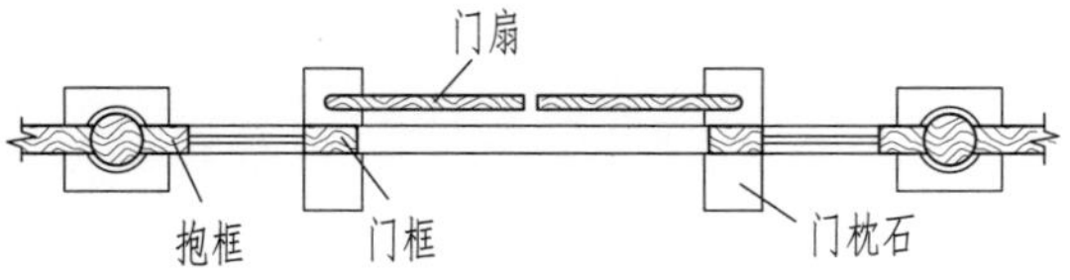

实榻大门平面图

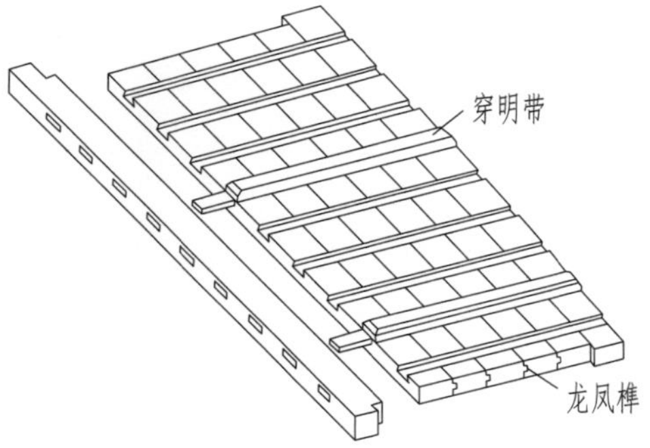

实榻门扇构造二（穿明带）

图 6-2　实榻门构造

（2）棋盘门

棋盘门又称攒边门，即门的四周边框采取攒边，当中门心装板、板后穿带（图 6-3）。棋盘门主要由外框、门心板、穿带三部分组成。外框分为里、外大边及上、下抹头。

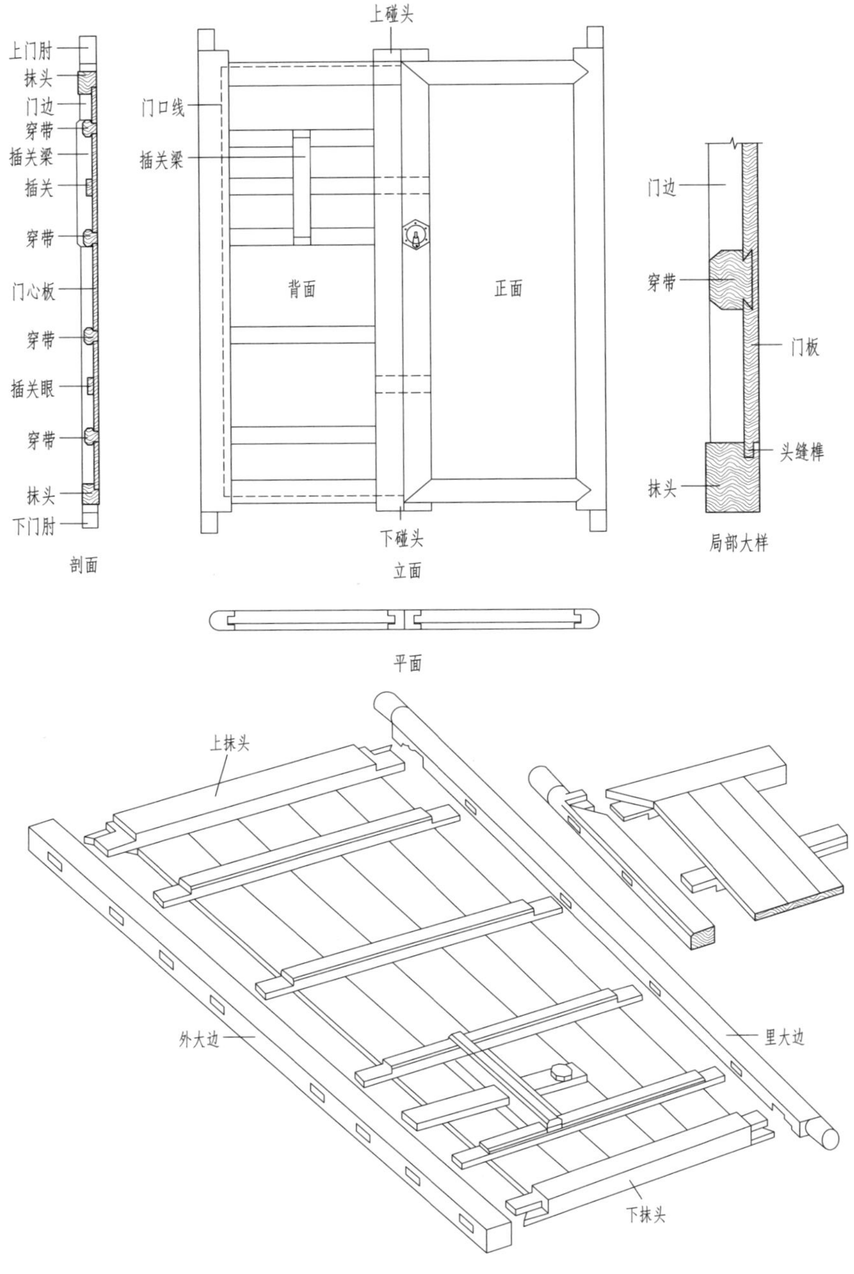

棋盘门扇构造

图 6-3　棋盘门构造

（3）撒带门

撒带门是指门扇一侧有门边（大边），而另一侧没有门边的门（图 6-4）。这种门上所穿的带均撒着头，故称撒带门。撒带门一般用作街门或屋门。

撒带门的做法：用穿带将木板及一侧的门边贯穿起来，上下不使用抹头。穿带使用明带做法，一端做成榫头（连接门边），一端做成撒头，可用一根纵向压带连接。

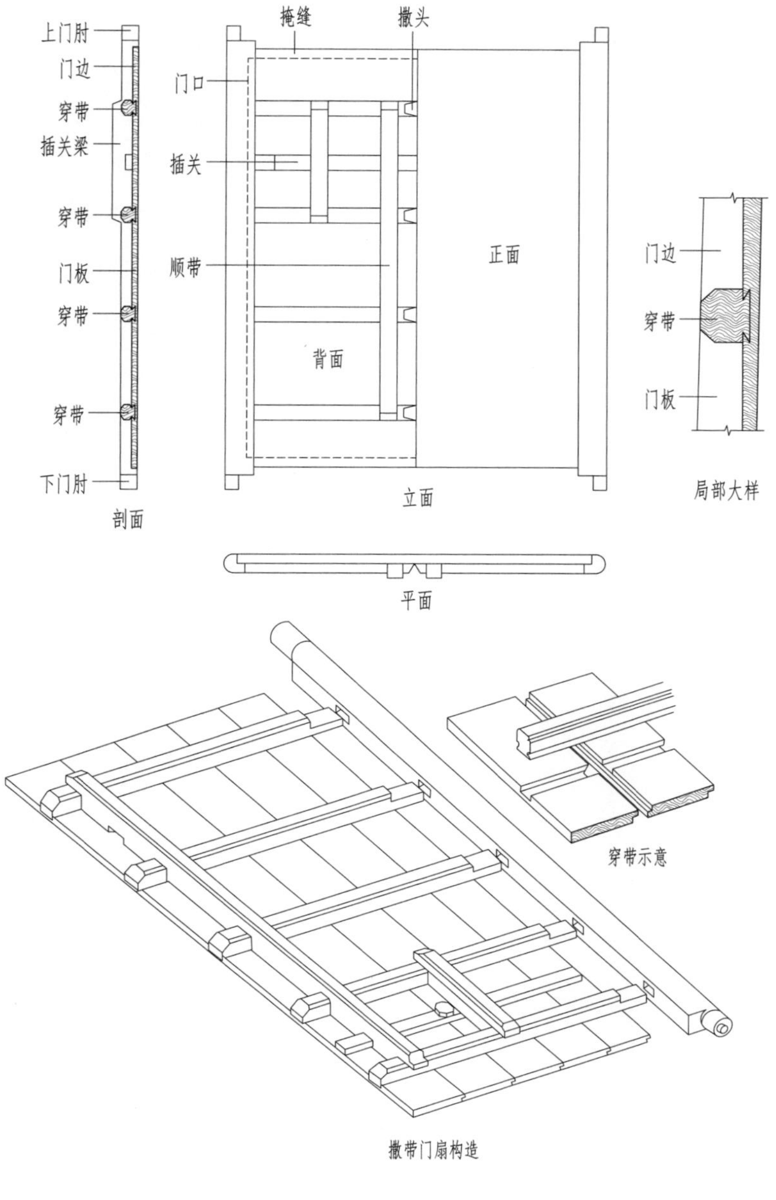

图 6-4　撒带门构造

（4）屏门

屏门又称“镜面门”，由下槛、上槛、门框、门扇等构件组成。屏门采用薄木板作为门板，用穿带拼板，多用于垂花门后檐柱间，或用在室内的后金柱间起屏风作用，也可用在木影壁上（图 6-5）。

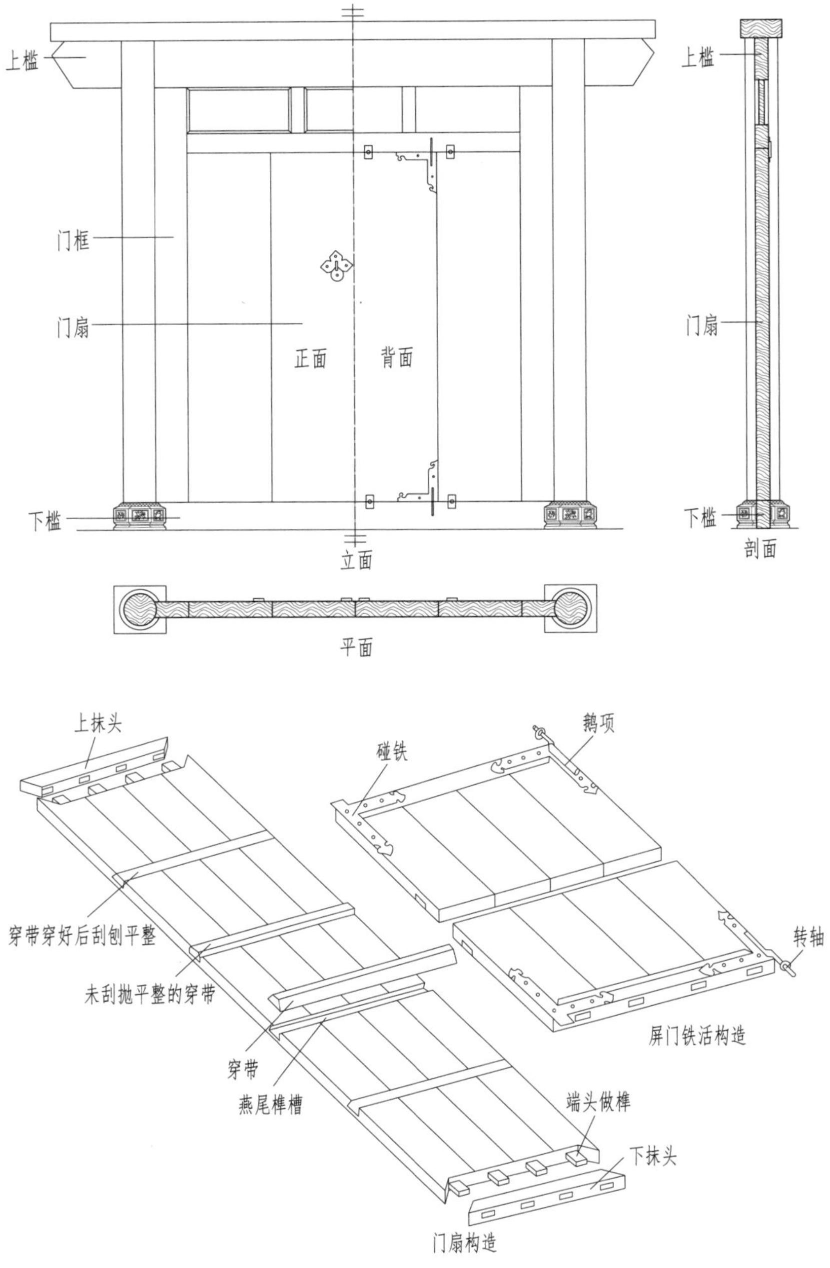

图 6-5　屏门构造

2. 隔扇门

隔扇门又称“格子门”，由边框、抹头、隔扇心、裙板及绦环板组成。隔扇心是安装于边框内部的仔屉，裙板是安装在外框下部的隔板，绦环板是安装在相邻两根抹头之间的小块隔板（图 6-6）。

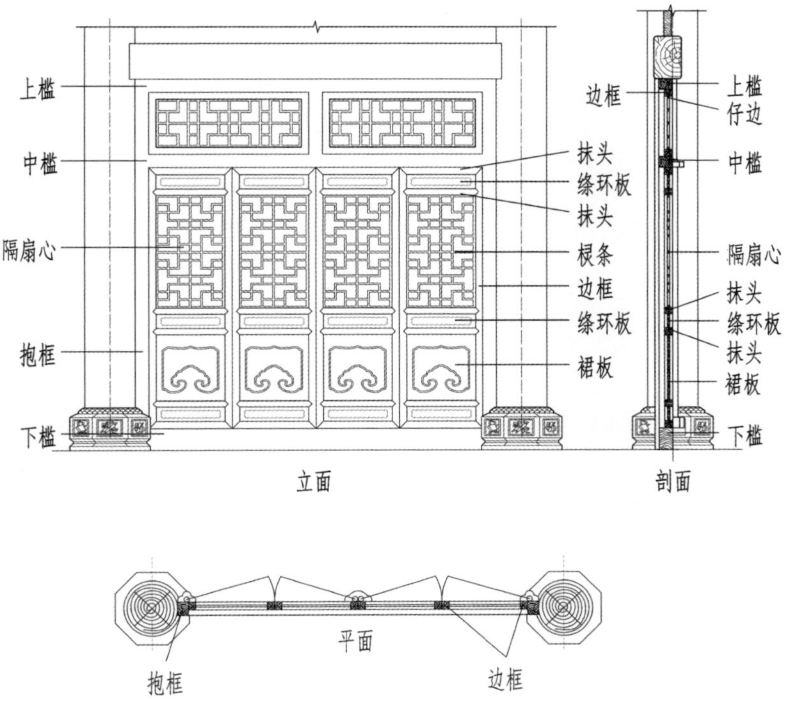

图 6-6　隔扇门构造

二、窗

仿古建筑的窗有槛窗、横披窗、支摘窗几种类型。

1. 槛窗

槛窗也称“隔扇窗”，是立于砖槛墙之上的窗（图 6-7）。

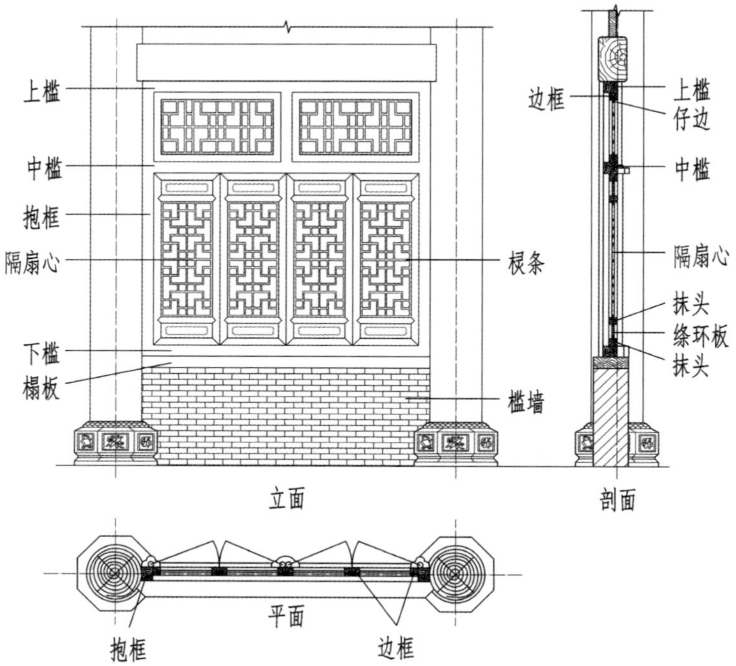

图 6-7　槛窗构造

2. 横披窗

横披窗是指在金柱部位安装门窗时，在中槛与上槛之间安装的窗扇。横披窗一般为固定扇，不开启，起亮窗作用，由外边框和隔扇心两部分构成（图 6-8）。

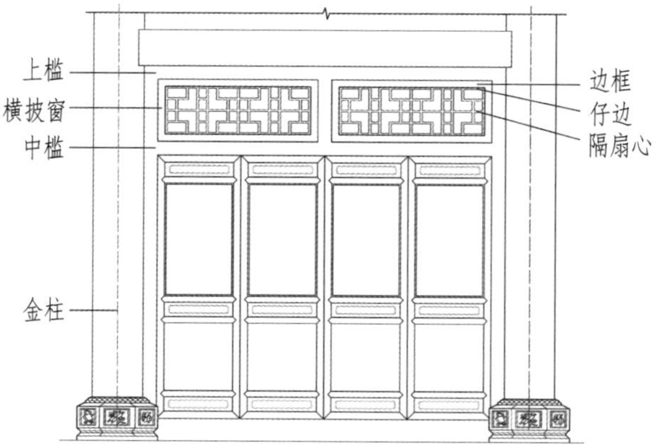

图 6-8　横披窗构造

3. 支摘窗

支摘窗分上扇、下扇，上扇可以支起，下扇可以摘下。支摘窗由上槛、窗框、间柱、下槛等组成（图 6-9）。

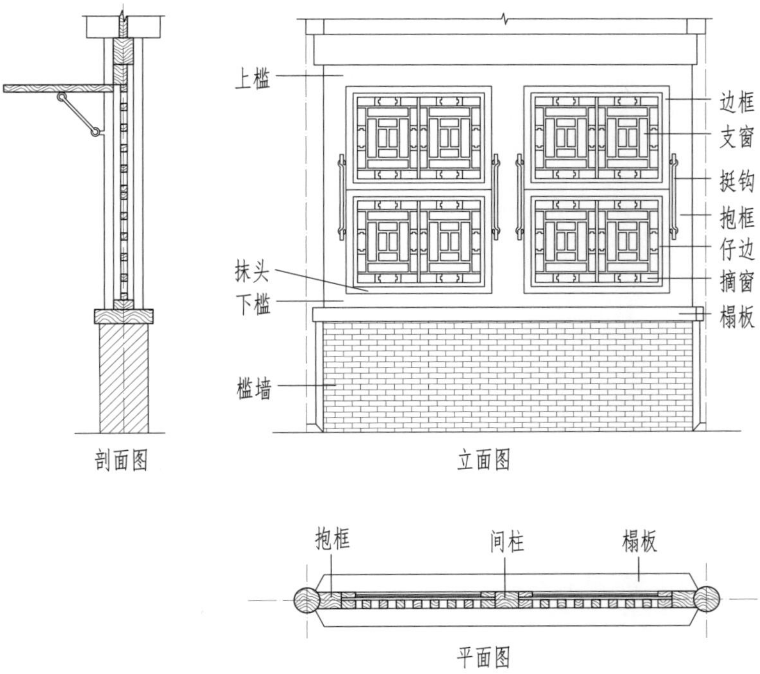

图 6-9　支摘窗构造

三、门窗施工

在仿古建筑中，门窗的材质及工艺都发生了很大变化。除木门窗外，还有铝合金门窗、塑钢门窗、钢木隔扇门窗等。

1. 铝合金、塑钢门窗施工

铝合金、塑钢门窗一般委托给专业的仿古门窗生产厂家加工制作，运输到施工现场后，主要需把控安装质量。

（1）临时固定

把铝合金、塑钢门窗框放进洞口安装线就位，用对拔木楔临时固定。侧面垂直度、对角线和水平度合格后，将木楔固定牢固。

（2）连接固定

用膨胀螺栓将窗框固定在混凝土预埋块上，固定点距上下两端 150mm，中间间距不大于 600mm，且要错开中间横竖框位置。

（3）周边填嵌保温材料

在门窗框与洞口侧面之间用发泡轻质材料（聚氨酯泡沫等）填塞密实，四周的缝隙同时填嵌。填嵌时用力不宜过大，以防止框料受力变形，要确保其柔性连接。

（4）门窗扇及附件安装

门窗扇的玻璃密封胶条在角部应 45° 割角、点粘，并留有收缩余量。平开式门窗扇先进行上半部合页固定，而后安装下半部，最后固定中间部分。推拉式窗扇顶部防拆卸、底部两侧防碰撞配件应安装到位，窗框下端泄水孔不少于两处，内高外低，并不得堵塞。

（5）安装清理

门窗安装完毕后，应在规定时间内撕掉保护膜，局部受污染的部位应及时擦拭干净。玻璃安装后，擦除胶液等污物，直至光洁明亮。

（6）打密封胶

密封胶应采用耐候型，胶色宜与墙面色彩一致，胶面应为 45° 斜面或凹弧面。打胶前，缝口两侧要贴美纹胶带，打胶时宜一次成型。若有接槎，用手指蘸肥皂水将其及时捋平。胶面要平顺光滑，打完后及时撕去美纹胶带。

2. 钢木隔扇门窗施工

钢木隔扇门窗施工

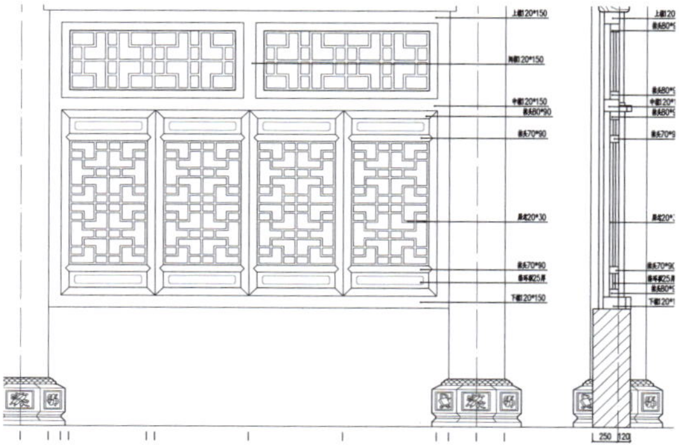

❶**详图绘制**——由古建施工员根据设计文件和工艺要求绘制详图，设计部门确认后实施

❷**外框、隔扇制作**——型钢选用符合标准的型材，外框 45° 割角，四角先点焊，尺寸检查合格后焊接

❸木花格制作与安装——机械制作完成后镶入钢门扇内，用木压条配自攻螺丝与门扇连接

❹裙板制作与安装——将裙板镶入门扇内，用20mm × 15mm 方木条固定，并用 4mm × 50mm 自攻螺丝与门扇连接

❺绦环板制作与安装——将绦环板镶入门扇内，用 20mm × 15mm 方木条固定，并用自攻螺丝与门扇连接

❻装饰木条安装——钢木隔扇外立面安装宽 70mm、厚 20mm 的半圆装饰木条，折角处进行 45° 裁角处理

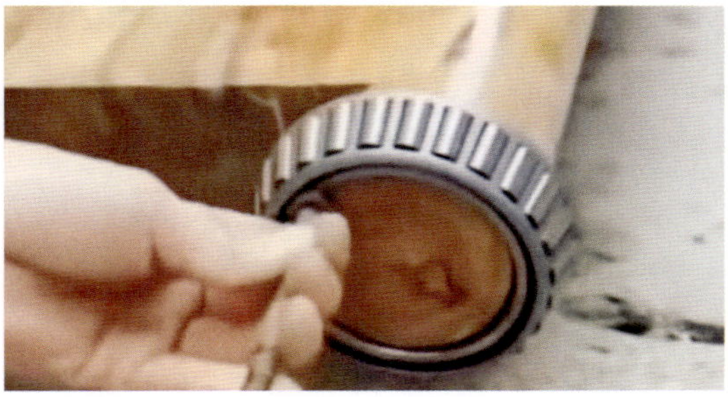

❼门轴制作与安装——门轴采用直径 75mm 的钢管，壁厚 5mm，与门扇焊接连接。门轴上下安装轴承，轴承焊接在荷叶墩上

❽门外框安装固定——外框与柱子上的预埋铁件进行焊接固定，焊缝要饱满，连接点上下间距不大于 200mm，中间不大于 500mm

❾防火、防腐、防锈油漆喷涂——对裙板、绦环板进行防火、防腐处理，对焊接部位、型钢进行防锈处理，最后进行油漆喷涂

第二节 室内装修

一、天花

天花用于室内顶部的装修，有保暖、防尘、限制空间高度及装饰等作用，分井口天花和海墁天花。

1. 井口天花

井口天花多用于有斗栱的建筑内，由支条、天花板、帽儿梁等构件组成（图 6-10）。

支条是指断面为 1.2 ~ 1.5 斗口的枋木条，纵横相交，形成井字形方格，作为天花的骨架。天花支条上面裁口，每“井”装天花板一块。

天花板由厚度为 1 寸左右的木板拼成，每块板背面穿带二道，正面刮刨光平，上面绘制团龙、翔凤、团鹤及花卉等图案。

帽儿梁一般沿面阔方向设置，每两“井”天花设置一根帽儿梁。

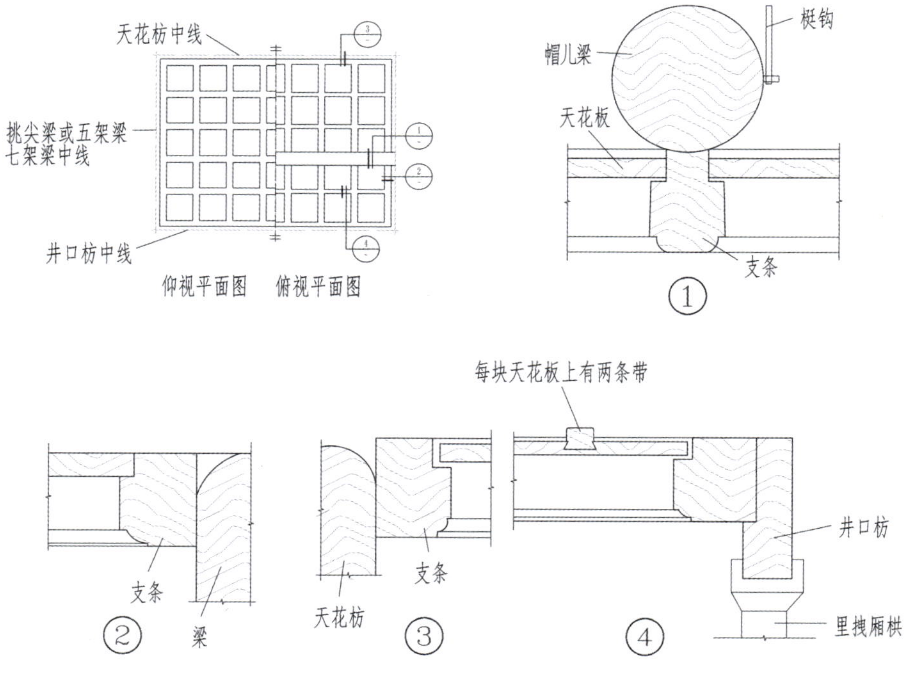

图 6-10 井口天花构造

2. 海墁天花

海墁天花是以木顶格为基层，在木顶格的仰面裱糊大白纸，或在纸上彩绘后裱糊到木顶格上。这种天花表面平整，故称为“海墁”。它可以以梁为界，每个开间是一个平面，也可以三间、五间连接起来，成为一个大的天花平面（图 6-11）。

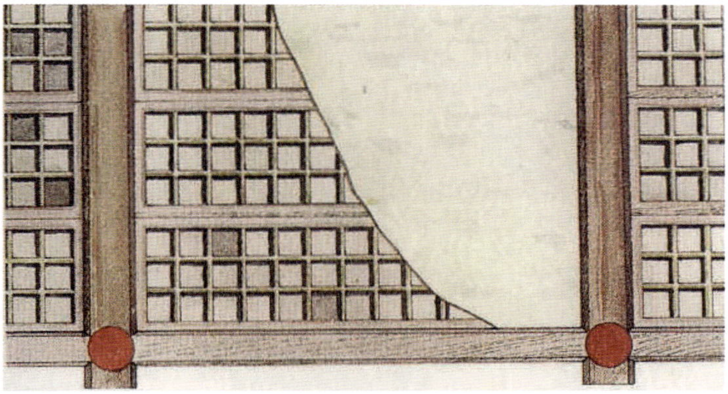

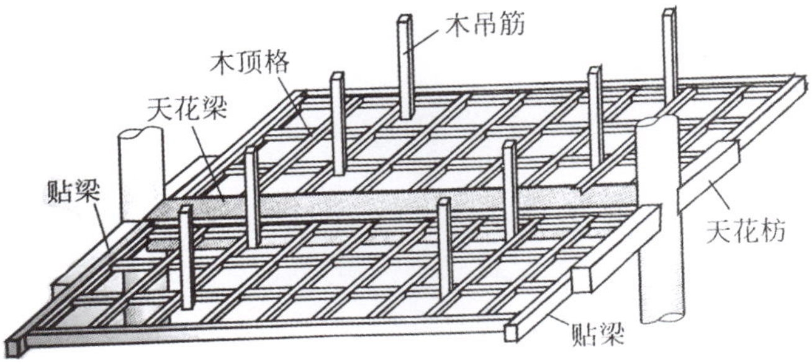

图 6-11　海墁天花示意

二、藻井

藻井的形式有四方、八方、圆形等，构造复杂。有的藻井各层之间使用斗栱，雕刻精致、华美，具有很强的装饰性；有的藻井则不用斗栱，而以木板层层叠落，既美观，又简洁大方。

藻井由上、中、下三层组成，最下层为方井，中层为八角井，上层为圆井（图 6-12）。

第一层方井，一般在面宽方向施用长趴梁，使之两端搭置在天花梁上，两根长趴梁之间施短趴梁，形成方形井口。而附在方井里口的斗栱和其他雕饰则是单独贴上去的，斗栱仅做半面，凭银锭榫挂在里口的枋木上。

第二层八角井，是在第一层方井趴梁上面再叠置井口趴梁和抹角梁，以构成八角井的内部骨架。而露在外表的雕饰斗栱等，也都是另外加工构件贴附在八角井构架之上的。

最上层的圆井，常常用一层层厚木板挖、拼而成，叠落起来，形成圆穹，斗栱凭榫卯挂在圆穹内壁。

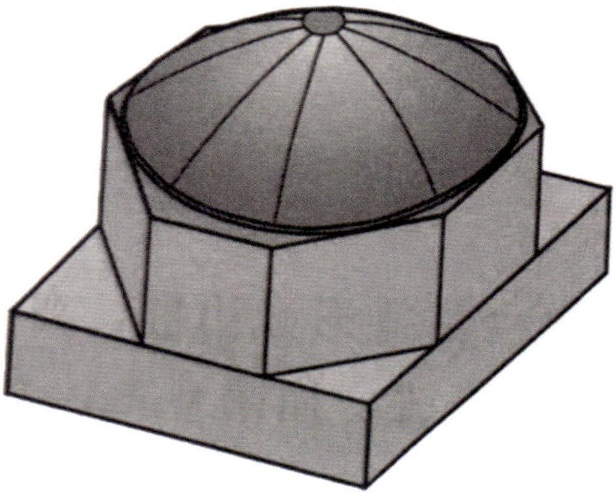

藻井外观

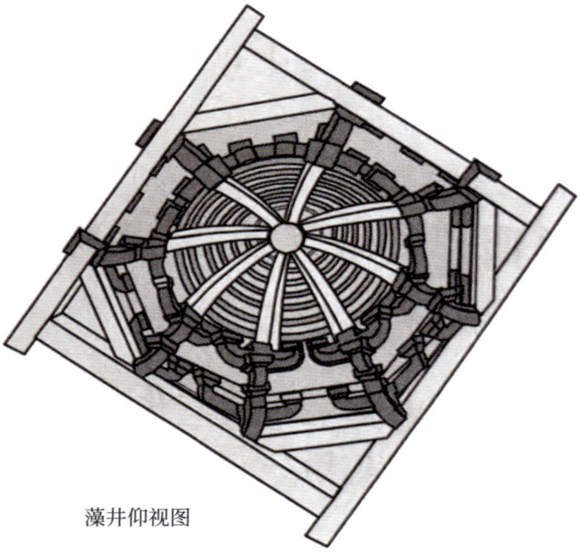

藻井仰视图

藻井实景

图 6-12　藻井示意

第七章

油漆彩画

第一节 清代官式彩画

清代彩画制度日趋完善，形成了彩画的三大类别，即和玺彩画、旋子彩画和苏式彩画。

一、和玺彩画

和玺彩画是明清建筑彩画中等级最高的一种，可分为金龙和玺彩画、龙凤和玺彩画、龙草和玺彩画和金凤和玺彩画等几种形式。

和玺彩画构图主要由柱头、箍头、盒子、找头、枋心等组成（图 7-1）。彩画中的全部线条及主要纹样均沥粉贴金，以青、绿等底色衬托金色图案，效果金碧辉煌、绚丽华贵。

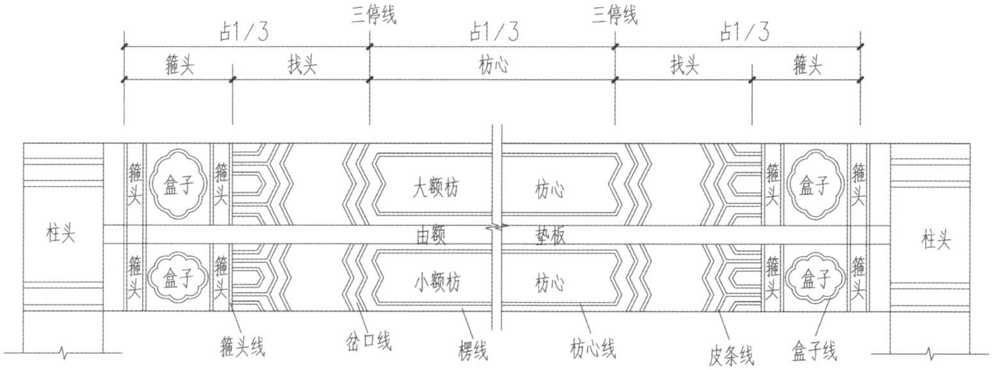

图 7-1 和玺彩画构图

1. 金龙和玺彩画

枋心通常以二龙戏珠纹样为主，盒子内多配以坐龙，找头内画降龙或升龙，由额垫板多画行龙等。如图 7-2 所示。

图 7-2 金龙和玺彩画

2. 龙凤和玺彩画

一般在枋心、找头、盒子部位画龙、凤，即所谓“龙凤呈祥”。如图 7-3 所示。

图 7-3　龙凤和玺彩画

3. 龙草和玺彩画

通常在枋心、找头、盒子部位由龙和吉祥草（或法轮吉祥草）搭配布局，由额垫板画吉祥草。如图 7-4 所示。

图 7-4　龙草和玺彩画

4. 金凤和玺彩画

主要在枋心、盒子、找头等部位绘以凤纹。如图 7-5 所示。

图 7-5　金凤和玺彩画

二、旋子彩画

旋子彩画比和玺彩画低一等，位居第二位，一般用在官衙或庙宇的配殿、坛庙的配殿及牌楼等建筑物上。旋子彩画构图也由柱头、箍头、盒子、找头、枋心等几部分组成，如图 7-6 所示。

旋子彩画与和玺彩画的区别：

①找头与枋心的分界线：和玺彩画呈放倒的 W 形，而旋子彩画则为放倒的 V 形。

②找头内的图案纹样：和玺彩画通常使用云龙、云凤、卷草、灵芝、西番莲等图案纹样，而旋子彩画则使用带旋涡状，被称作“旋子”（或称“旋花”）的几何图形。

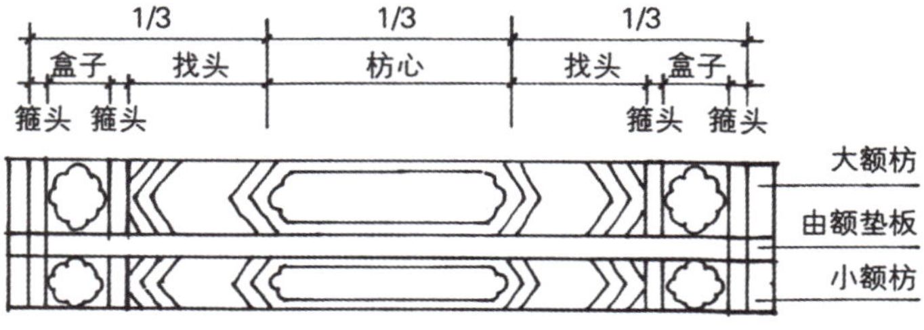

图 7-6　旋子彩画构图

旋子彩画按其图案纹饰、具体做法、用金多少，分为浑金彩画、金琢墨石碾玉、烟琢墨石碾玉、金线大点金、墨线大点金、墨线小点金、雅伍墨、雄黄玉等多种不同形式。如图 7-7 所示。

图 7-7　旋子彩画图案纹饰

三、苏式彩画

苏式彩画主要用于园林建筑和住宅建筑中，按构图形式不同，划分为包袱式苏画、枋心式苏画、海墁式苏画三种。按规格等级不同，划分为金琢墨苏画、金线苏画、墨线苏画三种。如图 7-8 至图 7-10 所示。

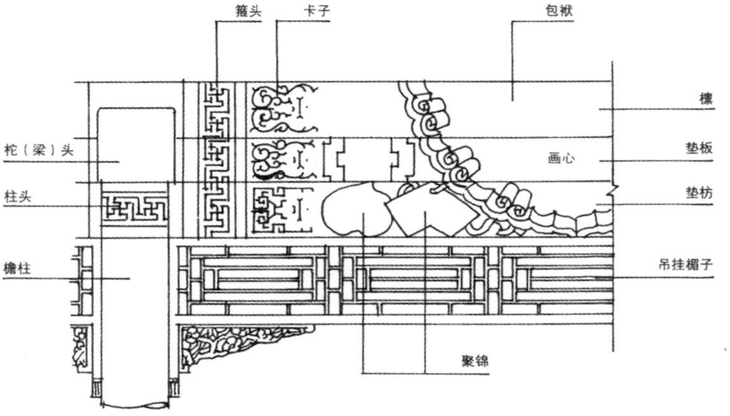

图 7-8　包袱式苏式彩画

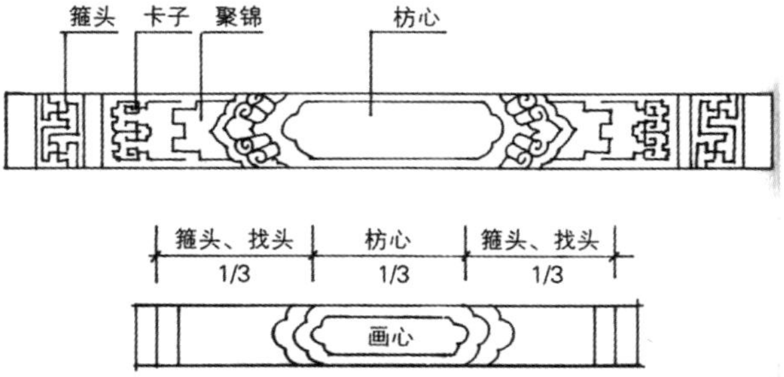

图 7-9　枋心式苏式彩画

图 7-10　海墁式苏式彩画

第二节 彩画施工

一、地仗工艺

地仗工艺流程：混凝土基层修补打磨→测平弹线→涂刷界面剂→喷抗碱底漆→刮第一遍找平腻子→喷刷多功能抗碱底漆→刮第二遍找平腻子→刮涂二遍平光腻子→喷抗碱封闭漆。

地仗工艺

❶**混凝土基层修补打磨**——用角磨机打磨，然后用喷枪清理干净

❷**测平弹线**——对彩画部位进行平整度测量，确保构件基层平整

❸**涂刷界面剂**——确保腻子与混凝土表面粘贴牢固

❹**喷抗碱底漆**——用喷枪满喷抗碱底漆，防止混凝土碱性穿过腻子层造成油漆泛碱

❺刮第一遍找平腻子——108 胶、白乳胶、水泥按 2 ∶ 1 ∶ 3（重量计）比例调配找平腻子

❻喷刷多功能抗碱底漆——找平腻子干燥后喷涂，外墙乳胶漆和多功能抗碱底漆按 1 ∶ 1 比例满喷

❼刮第二遍找平腻子——水泥、108 胶、白乳胶按 5 ∶ 1 ∶ 4 比例调配，满刮找平腻子

❽刮涂二遍平光腻子——分两道成活，第一道打磨用砂板，第二道用大于 240 目砂纸反复打磨

❾喷抗碱封闭漆——可加适量同面漆颜色一致的色料，提高面漆效果，满喷抗碱封闭漆

二、油饰工艺

油饰工艺流程：喷底漆→喷面漆→成品保护。

油饰工艺

❶**喷底漆**——腻子干透后用喷枪均匀喷涂一遍底漆，不得漏喷。喷涂自上而下、从里向外按序施工，一次不得过厚，避免流坠现象发生

❷**喷面漆**——底漆干透后及时检查，修补缺陷，进行面漆喷涂。面漆喷涂一般要求 2 ~ 3 道，气压控制在 0.4 ~ 0.6MPa，喷嘴口径 1.2 ~ 2.0mm，喷距 15 ~ 30cm。均匀喷涂确保色泽一致，分色清晰

❸**成品保护**——面漆喷涂完毕，采取有效保护措施，设置警示牌避免他人触摸损坏

三、彩画工艺

彩画工艺流程：丈量、起谱子→扎谱子→分中、拍谱子→号色→沥粉→刷色→包黄胶→刷金胶油、贴金→拉晕色→拉大小粉→压老、整修。

彩画工艺

❶**丈量、起谱子**——将彩画处构件尺寸丈量准确，按构件的一半配牛皮纸，按尺寸绘制施工谱子

❷**扎谱子**——用针按照谱子的纹饰扎成均匀的孔洞，用细砂纸将扎孔下突出的部分磨平，使孔眼通顺

❸分中、拍谱子——在构件上画出一条中分线；用粉包对谱子反复拍打，使粉包的粉透过谱子针孔将纹饰印在构件上

❹号色——运用彩画专用颜色代号在纹饰各个部位做出具体颜色标识，以指导工人施工时刷色

❺沥粉——按照谱子上的纹饰，通过沥粉器将粉浆附着于彩画作业面上，并形成凸起的半浮雕纹饰

❻刷色——平涂各种颜色，包括刷大色、二色、三色、抹小色、剔填色。应先刷大色，后刷各种小色

❼包黄胶——刷黄色树脂漆，为彩画的贴金奠定基础，衬托贴金的光泽

❽刷金胶油、贴金——以筷子笔蘸金胶油涂于贴金处，夹起金箔粘贴于金胶油上，以棉花揉压平伏

❾**拉晕色**——在主体大线旁画浅色带，可起到深色晕染的艺术效果

❿**拉大粉**——用画刷在彩画主体轮廓大线的一侧或两侧画白色粗线条，拉饰大粉可使大线更醒目，同时起晕色作用，增强色彩感染力

⓫**压老**——在角梁头、挑尖梁头、霸王拳、穿插枋头等部位，按构件的外形往中央缩画图形称为“压老”。最后进行整修